2012년 4월 24일 국방부전사편찬연구소와 대한민국월남전참전자회 및 한국-베트남학회가 용산전쟁기념관에서 주최한 '베트남전쟁사연구' 특히 앙케패스 대혈전에 대하여 진지한 토론을 전개하는 워크숍에서 채명신 초대 주월한국군사령관과 이세호 2대 사령관이 개선귀국 이래 처음으로 한 자리에 나란히 앉아 정답게 대화하며 과거의 월남전을 회고하는 순간을 가졌는데 이처럼 귀하고 소중한 장면을 촬영한 사진을 전라북도 김제시 황경(농수산물 유통) 과장이 소장하고 있다가 필자에게 보내 주었다.

황경 과장(앙케패스 대혈전의 저자 김영두 교수의 부인)은 앙케패스 638고지 특공소대장으로 장렬히 산화한 전투 영웅 임동춘 대위(당시 중위)의 고향(김제시 부량면 금강리) 벽골제(삼국시대 축조된 농업용수를 담기 위한 저수지 제방) 인근에 앙케패스혈전기념관을 건립하기 위해 이날 두 분 사령관에게 서명을 받고자 상경하였다.〈두 사령관 뒤에 서 있는 여성〉

국립중앙도서관 출판예정도서목록(CIP)

영욕(榮辱)의 세월 50년 : 월남참전전우회의 발자취 / 한국전쟁
문학회 편 ; 배정 著. -- 서울 : 한누리미디어, 2018
    p. ;   cm

참고문헌과 "월남전참전용사들의 발자취 연표(年表)" 수록
ISBN 978-89-7969-779-7 03390 : ₩15000

월남전 참전 용사 [越南戰參戰勇士]
수기(글) [手記]

390.4-KDC6
355.002-DDC23   CIP2018022557

*표지사진 설명

백마 30연대의 빈케마을 작전에서 화염에 싸인 가옥에서 어린 아이 둘을 안고 나오는 따이한
용사. 이 사진은 전북 정읍 출신의 동아일보 사진기자가 찍은 것으로 파월용사들의 용맹성과
인도주의 발로의 표상으로 따이한 용사의 상징이 되었다. 사진 속의 주인공은 전사했는지 실종
되었는지 지금까지 나타나지 않아 신비에 싸이고 말았다. 또한 이 사진을 촬영한 金아무개라는
기자는 말년에 실명이 되어 세상과 일체 연을 끊고 살아 필자와의 대담을 극구 사절하여 작전
에 얽힌 궁금증을 풀지도 못했다.

월남참전전우회의 발자취

영욕의 세월 50년
榮辱

한국전쟁문학회 편

남강 배 정 著

민족 웅비, 국가번영에 헌신한 용사들의 고난과 역경의 발자취

한누리미디어

현금남 회장

　본인은 맹호부대 1진으로 파월되었다가 귀국한 1967년 가을 우연히 상
경하여 월남 전선에서 함께 복무했던 전우를 만난 것을 계기로 전우회 활
동을 시작했습니다. 본인이 살고 있는 전주는 서울에 비하여 시골이어서
그 당시만 해도 파월 전우를 만나기가 어려웠는데 서울에서는 벌써 많은
전우들이 장충동 재향군인회관을 중심으로 만남을 갖고 있었습니다.

　그로부터 근년에까지 50년간 전라북도 사단법인 '월남참전복지회'를
설립하여 회장을 맡아 전우들과 함께하면서 우여곡절을 다 겪었으며 10
여 년 전부터는 「향군전우신문」을 발간하여 본서《영욕의 세월 50년》의
저자인 남강 배정 선배와 함께 전우들의 활동상을 보도하기도 했습니다.

　그러한 와중에 전주에서는 전라북도 도의회 부의장인 하대식 전우의 협
력으로 덕진공원에 아름다운 참전기념탑을 세워 도내 민관군 유지들이
참석한 가운데 성대한 제막식을 가진 바 있는데 그 때 이세호 사령관님과
조주태 백마부대 부사단장님 그리고 전 안주섭 보훈처장관(전 35사단장),
현역 신동호 소장께서 왕림하여 제막 테이프를 끊어 주시는 후의를 베풀
어 주셨습니다.

　회고하건대 전국 각지에 흩어져 사는 32만 전우들의 삶은 실로 파란만
장하였으며 전쟁후유증과 특히 고엽제로 인한 질병의 고통은 목불인견의
참상이었습니다. 전우들의 이러한 고통은 나이가 들수록 더욱 심해졌으

며 경제적인 궁핍을 초래하고 그 여파는 가정과 자녀들에게 전이되어 불행이 대물림되는 것을 보면서 가슴이 아팠습니다.

그러나 근년에 와서 참전으로 인한 신체적 손상에 대한 법률 제정으로 나름대로 보훈연금이 지급되고 기타의 수당 등 처우향상에 노력하는 정부의 모습을 볼 수 있지만 참전용사에 대한 음해성 언론플레이를 하는 불순분자들의 준동을 방관하는 것이나 당시 장병들에게 미지급한 전투수당에 대한 동문서답식의 무성의한 정부당국의 태도는 노병들을 분노하게 합니다.

이러한 시점에서 언론인이며 문필가인 남강 배정 선배께서 30여 년간의 전우언론을 통하여 전우사회와 전우들의 삶을 낱낱이 예리한 안목으로 투시하고 방대한 자료들을 일일이 챙겨 전우사회의 문제점을 지적하고 나아갈 방향을 제시하는 등 날카로운 필치로 서술한 것은 누구나 할 수 있는 일이 아닌 기념비적인 과업이라 할 수 있습니다.

더욱이 배정 선배는 현재 본인과 함께 문학 활동을 하는 입장이어서 사물에 대한 시각과 분석이 예리할 뿐 아니라 표현이 문학적이어서 본서는 더욱 가치 있는 작품인데 더하여 미려한 인쇄 제본으로 독자들에게 친근감을 줄 수 있다고 생각하며 이렇게 귀한 작품을 '한국전쟁문학회'에서 발행하게 되어 기쁘게 생각합니다.

본《영욕의 세월 50년》을 발간함에 있어 물심양면으로 적극적인 협조와 성원을 보내주신 월남참전원로회의 윤상업 의장님과 간부 및 회원님들께 심심한 감사를 드리는 바입니다.

2018년 7월 1일

한국전쟁문학회 회장 **현 금 남**

윤상업 의장

　우리 파월용사 노병들은 젊은 날 해로만리(海路萬里) 남지나해를 건너 월남 땅에서 산악을 넘고 정글을 누비며 세계평화와 자유민주주의를 지키기 위해 피와 땀과 눈물을 흘렸습니다. 그리고 개선 귀국하여서는 무공용사(武功勇士)로서의 자긍심을 가지고 국가안보와 향토발전을 위한 봉사에 심혈을 기울여 왔습니다. 그러는 중에 국가경제는 부흥일로(復興一路) 풍요로운 사회를 이루었습니다.

　그러나 우리 용사들에게 돌아온 것은 명예가 아니라 천대와 질시를 넘어 지금은 불명예의 모욕으로 도전해 오는 무리까지 적지 않으니 그야말로 남강 선배의 저서《영욕의 세월 50년》이란 말대로 명예와 욕됨이 교차하는 노후가 아니겠는가 생각됩니다. 그 세월이 50년입니다. 이제 모두 황혼기에 접어든 노병들….

　하나밖에 없는 목숨을 던져 헌신했던 조국과 받들었던 국민 앞에 남기고 싶은 그 파란만장한 우리들의 이야기를 이제 뉘라서 되찾아 글로 쓰리요!

　다행히도 시인으로 뛰어난 문필가인 남강 배정(南崗 裵政) 원로회의(元老會議) 고문께서 그동안에 지나온 역정(歷程)을 더듬어 살피고 꾸준히 모아온 많은 자료들을 정리하여 한 권의 서책으로 완성했으니 실로 우리들의 불멸의 기념비라 아니할 수 없습니다. 아프리카의 지성이라 일컫던

말리의 소설가 아마두 앙파뜨바가 1960년 유네스코회의 연설에서 말했다고 전해지는 "노인 한 명이 죽으면 도서관 하나가 불타 사라지는 것과 같다"는 명언이 새삼스럽게 생각나도록 천만 다행스러운 일로 여겨집니다.

그간 저자의 양해를 얻어 우리 편집위원들이 내용을 검토키로 한 바 우리들의 50여 년 전우회 활동을 어쩌면 그리도 세세히 더듬어 기록했는지 경탄을 금치 못할 정도여서 다시 한 번 남강 배정 고문의 역작 출간에 찬사를 보내며 그간의 노고에 대하여 우리 원로회의 전 위원들의 충심을 담아 경의를 표하는 바입니다.

또한 본 저서의 내용 중에는 우리들의 50년 과거를 되돌아보게 함은 물론 때로는 재미있는 이야기도 곁들여 있어 좋은 읽을거리가 되겠고 또한 우리 전우회가 나아가야 할 방향을 제시하기도 하여 우리 자신들을 돌아다보며 성찰하고 귀감을 삼아야 할 부분도 적지 않다 싶어 전우들이 되도록 이 책을 많이 읽었으면 좋겠다는 생각이 듭니다.

끝으로 남강 배정 선배의 전우들에 대한 무한한 애정에 거듭 감사하며 전우님들의 가정에 건강과 행운이 충만하시기를 기원합니다.

2018년 6월

월남참전원로회의 의장 **윤 상 업**

배 정

저자는 일찍이 2007년, 월남전을 소재로 한 시문집《나는 누구인가?》를 출간한 바 있다. 그게 벌써 10년을 넘은 일이 되었는데 그때 우리 전우들이 월남에서 싸우던 모습들을 회상하며 여러 사연들을 적어갈 때마다 전장에서의 파란만장한 용전분투(勇戰奮鬪)의 모습을 떠올리며 찬탄을 금치 못하는 바 이제 와 다시 노병으로 여생을 살아가면서 전우들과 함께하는 전우회의 걸어온 발자취인《영욕의 세월 50년》을 더듬어 보는 심정 또한 착잡하기 이를 데 없다. 실로 우여곡절이 너무도 많은 50여 년간의 걸어온 길이요, 발자취인 것이니 말이다.

우리 전우들은 잡초와 같이 끈질긴 생명력을 가지고 그토록 굴곡이 많은 가운데서도 명예를 지키기 위해 굳건히 지켜온 철칙은 정치적 중립이다. 32만 파월용사들의 응집력은 우리나라 그 어떤 사회집단보다도 강하고 끈끈하다. 거기에다 우리 자신들 외에 전쟁터에까지 다녀온 아버지를 안쓰럽게 생각하며 부모의 뜻을 따르는 아들, 딸, 며느리, 사위, 손자, 손녀 등 가족들이 있다.

이는 우리나라와 같은 민주주의 제도 하에서는 우리 단체도 표(票)로써 정치에 지대한 영향을 미칠 수 있다는 말이 되는 것이다. 이는 조직운영에 장점인 동시에 약점이기도 하다. 그러기에 전우회를 시작하면서 확고히 세운 지표는 '정치에는 절대로 간여하지 않음'으로 무색무취(無色無臭)

를 견지한다는 것이었다. 정치에 휘말리지 않는 건전하고 순수한 애국집단이기 위한 방편이었다.

이것은 우리의 영원한 지도자이신 채명신, 이세호 두 분 사령관의 확고한 신념이며 철학이었다. 우리들의 애국심 즉 대한민국 사랑은 그 어떤 이의 추종도 불허한다. 그러기에 우리에게는 오직 대한민국만이 존재하며 대한민국을 사랑하고 지키고자 하는 간절한 마음을 견지하고 있기에 국가의 정체성과 질서 그리고 국민의 자유 행복을 해치는 이념이나 행위를 하는 무리와는 절대로 함께하지 않을 뿐더러 적(敵)으로까지 간주할 수도 있다는 것을 다시 한 번 확인하고자 한다.

이제 이 작은 책자를 발행함에 있어 심히 우려하는 것은 우리들의 공훈과 명예가 제대로 국민에게 알려지고 후세에까지 전해질 것인가라는 것이다. 우리는 분명히 반세기 전 대한민국의 역사에 새로운 장을 여는 데 큰 역할을 한 사람들인데 요즘 숨 가쁘게 변하는 세태를 보면 그것이 잊혀질 수 있다는 우려를 금치 못하는 것이다. 광화문에 있는 대한민국역사박물관에 설치되어 있는 월남파병 코너를 보면 너무도 허술하여 한심하기 짝이 없다. 초·중·고등학교 교과서에는 한 줄도 나오지 않는다.

결국 우리의 명예는 우리의 손으로 지켜야 한다는 결론을 얻게 된다. 그럴진대 우리 전우들은 이제부터라도 정신을 차리고 전우회를 바로 세워 나가지 않으면 안 된다. 참다운 용사는 용사다워야 한다. 우리는 화랑도의 후예(後裔)가 아닌가?

그럼에도 불구하고 요즘 도하의 언론에 실리는 기사들을 보면 부끄럽기 이를 데 없다. 단체장을 뽑는데 선거권을 행사하는 대의원들은 부디 명철한 판단으로 우리들의 명예와 권익을 찾는 데 앞장서 일해야 할 조직체 즉 전우회를 올바로 세우는 데 흔들림 없이 기여하기를 간곡히 부탁드리는 바이다. 그리고 32만 전우들의 리더로 새로이 뽑히는 전우회의 회장은 사심을 버리고 공명정대(公明正大)한 인격의 참모진을 구성하여 확호소명

(確乎昭明)하게 조직을 운영함으로써 전우회 본래의 설립목적에 부합된 과업들을 완성해 주기 바라는 것이다.

전국에서 그다지 행복하지 못한 여생을 보내고 있는 월남참전노병들은 눈을 부릅뜨고 전우조직을 움직이는 간부 여러분을 날카롭게 지켜보고 있으며 '전우회의 역사' 또한 예리한 필봉으로 그것을 기록할 것이다.

2018년 6월   일

저자 **배 정**

차례

차례

차례

영욕(榮辱)의 세월 50년
– 월남참전전우회의 발자취

🌼 들어가기(한국군 월남참전의 배경)

대한민국재향군인회가 생긴 배경에는 6.25한국전쟁이 있듯이 대한민국
월남전참전자회라는 전우회가 생긴 배경에는 월남전(서구인들은 베트남
전이라 한다)이 있는 것이다. 본 저(著)의 목적은 참전자들의 개선 귀국 후
의 역사를 서술함으로써 전우들의 자긍심을 높이고 전우애를 북돋아 전
우들끼리의 더욱 공고한 결집에 일조하고자 함이나 혹여 우리 외에 본서
를 접하는 일반 독자들이 있을 경우 파월용사들의 존재를 보다 쉽게 이해
하도록 돕기 위해서는 한국군이 월남전에 참전하게 된 배경을 서술하지
않을 수 없게 된 점을 이해하기 바라는 것이다.

기구한 월남(越南)의 역사

월남의 역사는 어쩌면 그렇게 우리 민족의 과거와 현실을 닮았는지 희한하고 친근감이 든다. 월남이라는 국호는 최초 중국인에 의해 붙여진 호칭이다. 월남인들은 B.C. 3세기까지 중국의 광동성과 광서성 일대에까지 진출하여 거주하였는데, B.C. 2세기에 한(漢)나라가 융성해지면서 지금의 중국과의 국경 이남으로 밀려(쫓겨) 내려옴으로써 '남쪽으로 넘어간 족속'이라고 붙여진 것이다. 원래 발음은 웻(越)남(南)이라 하는 것이 맞는데 서구인들은 제멋대로 고려(高麗)를 제대로 발성 못하니까 코리아라고 하는 것처럼 베트남이라고 하는데 우리는 참전 당시 한문식 발음으로 월남이라고 호칭하였고 2대 사령관이었던 이세호 장군은 시종일관 월남이라고 했으며 소천하실 때까지 한 번도 베트남이라고 불러 본 일이 없었다.

각설하고 웻족은 천여 년 간 중국의 지배를 받다가 15세기에 이르러 레로이(Le Loi)라는 영웅이 나타나 중국군과 싸워 격퇴시키고 자신을 승룡(乘龍-하늘을 나는 용)이라 부르게 하며 하노이에 도읍을 정하고 새로운 왕국을 세우니 레(Le)왕조이다.

또 남쪽에는 우리의 삼국시대 신라처럼 참파왕국이 있었는데 세력이 강성해짐에 따라 영토를 확장하여 캄보디아의 톤레삽 호수까지 이르는 대제국을 형성하였다.

그러다가 17세기 들어 서구인들에게 알려지면서 침략의 각축장이 되었으니 1626년에 알렉산드르 드로데라는 프랑스인 신부가 들어와 월남인들과 상주하면서 가톨릭교를 포교하는 일방 로마문자형의 월남문자를 만들어 주는 등 1660년 사망할 때까지 활동하는 사이 프랑스는 물론 화란, 영국 등 서구상인들이 들어와 상관(商館)을 개설함으로써 은둔의 왕국 월남은 외부세계에 알려지게 되었을 뿐 아니라 좋은 먹잇감이 되었다.

(위 고대사는 장황하여 신문명조체로 썼음)

월남이 최초로 서구 세력과 접하게 된 것은 당시 강력한 함대를 가지고 인도지나 반도 남부를 지배하던 참파왕국의 월남함대가 1847년 기름진 인도지나 반도에 눈독을 들인 서구 열강 중 하나인 프랑스의 함대와 충돌하는 것을 계기로써 월남 정부는 25명의 유럽인 선교사를 체포하여 살해하고 3만여 명에 달하는 월남인 기독교 신자를 처형했다.

이에 프랑스는 월남(참파왕국)에 대한 보복을 위해 10년간의 준비를 마치고 1858년 15척의 전함을 이끈 제놀리 제독에 의해 다낭이 점령되고 1,500명의 프랑스 군대를 상륙시킴으로써 인도지나 반도에 대한 침략이 시작되어 월남은 100년 가까운 식민지 지배를 받게 되었다.

세계 제2차 대전 때에는 동양의 신흥 강대국인 일본이 인도지나 반도에 진출하여 프랑스군을 굴복시키고(1940년) 25,000명의 병력으로 월남을 점령했다. 이 무렵 월남 민족주의 성향의 응엔 타이 혹을 중심으로 한 월남 국민당은 중국식 혁명을 시도하였고, 호치민, 레둑토, 보응우옌잡 등을 중심으로 한 공산주의 그룹은 소련의 코민테른에 가입하여 외세와의 투쟁을 시도하여 베트남 독립동맹(Vietminh)을 결성하였고, 1945년 12월에는 월맹군의 모체인 해방선전대를 심혈을 기울여 양성한 결과 1년 동안에 처음 시작할 때 34명에서 10만 명의 대군으로 성장시켜 프랑스군을 공격하기 시작했다.

월맹군은 1954년 3월 13일 디엔비엔푸 결전에서 승리하여 제네바 협상을 벌이게 하여 1956년 4월 28일 프랑스군의 완전철수로 100년간의 프랑스 지배에 종지부를 찍게 하였다(월맹군은 이 한 전투에서 8천 명이 전사하고 1만 5천 명이 부상당하는 희생을 치렀다).

이제까지 프랑스를 후원해 오던 미국은 이런 사태를 보면서 월남의 공산화를 기점으로 동남아시아 전역이 공산화되지 않을까 하는 붉은 도미노를 우려하게 되었다. 미국은 고딘디엠의 자유월남을 군사적으로는 간접지원하면서 제7함대를 통킹만 일대 해역에 파견하여 해상감시만을 해 오고 있었는데 1964년 8월 2일 월맹 어뢰정 3척이 미 구축함 매독스호를 공격하였다.

미국은 즉각 하노이를 비롯한 월맹(북위 17도선 이북의 베트남)의 주요 지역에 강력한 폭격을 감행했으며 베트남 전역에 걸쳐 직접적인 무력개입에 돌입하게 됨으로써 제2기 월남전이 시작되었다.

🦋 미국의 고민

미국은 이미 국가안보결의(NSC124/2-1952. 6)에 의하여 「동남아국가들의 공산위성국화 방지」라는 확고한 방침이 서 있는 상태에서 당시 월남은 군사적으로 매우 위급한 상태임에도 사흘이 멀다 하고 군사쿠데타에 의해 정권이 바뀌고 있었다.

과거 장제스 국민정권은 무능하여 대륙을 상실했고 당시 월남은 군사 정치 지도자들이 중심을 꽉 잡고 난국에 대처해도 모자랄 판에 권력다툼의 혼란에 빠져 있었다.

한국은 어떠했는가? 반공정신이 투철하고 지도자는 의욕적이었다. 여기서 동맹국 가운데 '가장 믿을 만한 파트너는 한국'이라는 이미지─ '어떻게 해야 한국군을 월남으로 오게 할 것인가?'

결국 쿠데타로 내각수반이 된 쿠엔 칸 장군은 1964년 7월 15일 한국 정부에 정중한 파병요청서를 보내게 되고 강력하고 적극적인 미국의 응원에 따라 한국은 월남파병을 결정하지 않을 수 없게 되었다.

🌸 한국군의 월남파병

한국군의 최초 파병은 의료지원의 101이동외과병원과 건설지원으로 여단 규모의 건설지원단(비둘기부대)을 파견하기로 하여 101이동외과병원(장교 34/ 사병 96)은 1964년 9월 22일 사이공에 도착하여 9월 25일부터 업무를 개시하였고, 비둘기부대(장교 50/ 사병 972)는 2월 9일 부산항을 출발하여 3월 16일 사이공에 도착한 뒤 디안으로 이동하여 진지를 구축하면서 건설지원에 들어갔다. 이 무렵 호주군 200명, 뉴질랜드군 30명, 타이완군 20명, 필리핀군 17명 등 군사원조단도 파견되었다.

붕타우에 자리를 잡은 101이동외과병원은 수준 높은 의료기술과 진정한 인간애에 의한 친절하고 성실한 환자 진료에 병원을 찾는 환자들의 마음을 사로잡았다. 이 병원에서는 민간인 외래환자도 받아주었는데 병원을 다녀간 사람들이 "따이한 박사(의사)는 못 고치는 병이 없다"고 소문을 내 환자들이 몰려들었다. 심지어는 부상당한 베트콩까지 보내와 치료를 부탁할 정도가 되었다.

그 뒤 1965년 3월 공병건설지원단인 비둘기부대(여단급)가 파견되었는데 이들은 도로보수와 교량건설 그리고 전쟁으로 파괴된 인근 지역의 학교나 유치원 등의 건물 보수나 경우에 따라서는 신축까지도 해 줌으로써 "부지런하고 일 잘 하는 따이한"이라는 칭송을 듣게 되었다.

비둘기부대에는 자체 보호를 위해 경비대대가 편성되어 있었는데 부대가 진지를 구축하기 전부터 천막주위에 베트콩이 쏜 포탄이 날아왔다. 경비대는 이러한 공격에 효율적으로 대처하고 지근거리의 매복과 수색으로 부대를 안전하게 보호하는 것을 본 월남군이나 미군은 '한국군은 의료, 건설 등 지원임무뿐 아니라 부대경비도 잘 하는 것으로 보아 전투도 잘 하는 우수한 군대라는 인식을 갖게 했다.

이러한 한국군에 대한 평가는 월남전이 더욱 곤경으로 빠져 들어갈 때 한국군의 전투부대를 생각하게 했다(한국군이 전투부대를 파견하지 않을 수 없는 경위는 본서의 범주에서 벗어나는 것임으로 생략하거니와 이리하여 한국군은 1964년과 1965년에 걸쳐 맹호, 청룡, 백마의 3개 전투부대를 파견하게 되었다).

🍃 戰友會의 生成 背景

1960~70년대 월남전에 참전하고 1973년 3월 20일 서울운동장에서 파월개선(凱旋)장병 환영대회를 마친 그날로부터 전우들의 새로운 역사가 다시 전개되었다. 월남전에서 돌아온 참전용사들의 모임이 '전우회'라는 이름으로 활동하게 된 계기는 1965년의 파월 제1진으로 참전했다가 귀국한 맹호 청룡 태권도 요원 및 101이동외과병원 요원 등이 예편 후 각자의 고향에서 생업에 종사하는 중에 군청이나 면사무소에 일보러 갔다가, 아니면 시장 거리에서 우연히 만나게 되는 전우들과 조우하면서 "야! 이 사람 김 병장 아녀?" "어! 송 하사 맞지?" 등 이국 만리 살벌한 전쟁터에서 생사고락을 함께 하던 전우의 기적 같은 해후는 주위 사람들을 놀라게 할 만큼 큰 소리로 떠들썩한 촌극을 연출하였다.

"야 ─ ○○소대장님도 ㄱㅈ군청에 근무하고 계신대!" ─ "저기 한 상사님은 ○○시장 입구에서 문방구를 하고 계셔! 언제 한 번 시간 내서 만나 뵈러 가자!"라며 사지(死地)에서 운 좋게 살아 돌아온 행운과 재회의 기쁨을 나누면서 이들은 뜨거운 전우애에 환희의 눈물을 흘리는 것이었다.

헤어지면서도 "또 만나고 싶다" "이제 자주 만나자"라는 미련이 간절하리만큼 절실한 이러한 촌극은 여기뿐만 아니라 전국 방방곡곡에서 전우모임이라는 것이 자연스럽게 생겨나게 된 것이니 그 시기는 월남전이 한창이던 1968년 가을 무렵부터였다.

이와 같이 파월전우모임 즉 전우회는 순수하고 절실한 전우애에 의해 싹트고 성장한 자생(自生)단체인 것이다. 이러한 상황은 전국 어디에서나 참전자가 있는 곳에서 벌어졌는데 오늘날 공법단체 『대한민국월남전참전자회』라는 거대 조직으로서의 발돋움은 어떻게 시작되었는지 궁금하지 않을 수 없다.

규모의 크고 작음과 형식에 관계없이 단체라는 이름을 걸고 모이기 시작한 전우들은 누구누구였던가? 그 이름들을 살펴보면 이재혁, 오○○(이름 미상), 홍태수, 홍영욱, 윤종석, 류충렬, 최동식 등으로 맹호부대 1진으로 파월했다가 귀국한 전우들이었다.

이들은 1967년 9월 25일 처음으로 『월남참전전우회』라는 이름으로 재향군인회의 예비역 친목단체의 일원으로 등록을 하였으니 재향군인회가 인정한 어엿한 단체로 출발한 것이라고 보는 것이 타당하다. 이 때 회장은 이재혁, 사무국장에는 오○석으로 등록한 것이다. 당시는 월남전이 계속되고 있는 시기라 연일 연속 보도되는 전장(戰場) 뉴스가 국민들의 큰 관심사가 되어 있을 뿐 아니라 참전 귀국자는 각 지역의 공공기관은 물론하고 사회 어디서나 상당히 우대받던 시기라서 전우들이 모이는데 별다른 애로가 없었고, 특히 장충동에 있던 재향군인회(회장 김일환)가 이들에게 호의를 베풀어 본관 1층에 넓은 방 하나를 내주어 여기에 모임의 근거지를 마련하고 『월남참전전우회』라는 이름으로 활동하였다.

그러던 중 1975년 4월 30일 자유월남공화국이 월맹군에 의해 패망하자 전우회를 후원하고 자문해 오던 국내외 정세에 민감한 강원채(전 작전사령관), 류창훈(전 백마부대장) 등 장군들이 "아무래도 단체의 명칭을 『해외참전전우회』로 하여 활동하는 것이 좋겠다" 하여 1976년 10월 25일 회(會)의 명칭을 바꾸는 것과 동시에 강원채 장군을 회장으로 선임하고 좀 더 무게 있는 단체로 재출발한 것이다. 모임은 당초에는 친목을 위주로 모였으나 참여인원 수가 점차 늘어나면서 보다 미래지향적인 사업(전우 명예, 기념사업, 후배들에 대한 안보의식 고취 등)의 필요성을 느끼게 되고 월남전 현지 지휘관 및 참모를 역임한 분들도 참여 내지 큰 관심과 성원을 아끼지 않음에 따라 보다 체계적이고 미래지향적인 단체로의 구상을 하게 되었던 것이다.

이 때 참여한 전우 중 중진인사들의 면면을 살펴보면 초대 해군 백구부대장을 역임한 홍기경 제독, 초대 공군 은마부대장을 역임한 배상호 장군(후에 재향군인회 공군부회장 역임)을 비롯하여 야전사령관을 역임한 최대명 장군, 강원채 장군, 3대 은마부대장 최기순 장군 등 주요 지휘관이 참여하였고 일반 전우로서 이재혁, 김성찬, 김성환, 강종건 등이 회장 역을 맡은 바 있으며 기타 임원 등 간부로 활동한 전우는 유충렬, 윤종석, 현금남, 최동식, 홍태수, 홍영욱 등이 있었다.

지방에서도 똑같은 현상으로 전우들의 모임이 활발했으며 각기 형편에 따라 열심히 활동하는 모습이 머지않은 시기에 거대한 조직으로 성장할 조짐을 보였던 것이다. 특히 이들은 우리 역사 초유의 해외 파병대열에 참여했다는 자부심과 긍지가 대단했으며 이국 만리 월남전장에서의 생사고락을 함께 했다는 특별한 추억이 남다르게 강하였으므로 그 응집력은 장차 막강한 결집력을 발휘할 것이라고 추측하였고 이러한 예측은 누구도 부인할 수 없었을 것이다.

여기서 한 가지 유념해야 할 문제는 전우회 초창기에 장군으로서 초대 백구부대장을 지낸 분으로서 '체계적인 전우회의 구상'에 관심을 가졌던 홍기경 제독의 고백(?)에 귀를 기울이지 않을 수 없다.

"제대로 된 단체의 모습을 갖추고 운영한다는 것은 말뿐이지 실제로는 보통의 능력으로는 되는 것이 아니었습니다. 거기에는 엄청난 재정이 소요되었는데 그걸 무리 없이 조달하는 것은 매우 어려운 일이었고 그걸 편법으로 한다는 것도 문제가 있어 나는 좀 더 시간을 가지고 기회를 기다리기로 한 것입니다."

이와 같이 태동한 파월용사 모임은 홍 제독의 말대로 체계가 서지 않은 채 모이는 숫자가 한정 없이(?) 늘어나면서 점차 각 지역에서 제각각 활동하던 군소모임을 통괄하여 통일조직으로 구성하려는 생각을 하게 되고 이를 현실화시키려는 매우 의욕적인 전우들이 나설 기미를 보일 즈음에서 1979년 10월 26일 박정희 대통령 시해사건이 벌어지고 혼란한 정국을 틈타 군부 내 사조직인 하나회를 주축으로 한 소위 신군부(新軍部)는 12.12 쿠데타를 일으켜 정권을 잡은 후에 명분이 뚜렷하지 못한 그들의 집권에 대해 혹시라도 도전해 올지도 모를 여하한 요소까지라도 사전에 철저히 차단할 목적으로 1980년 12월 18일부로 재향군인회만을 제외한 모든 군 관련 단체의 해산명령을 발하여 예비역 모임은 물론 기타 일반 사회단체를 포함해 심지어 동창회나 향우회(鄕友會) 같은 모임까지도 사람들이 모이는 일체의 단체 활동을 중지시키는 폭거를 자행하였다.

자유민주주의 체제에서 집회결사의 자유를 뺏긴 전무후무한 암흑기가 도래한 것이다. 이러한 와중에서 우리 파월 전우들의 모임도 그처럼 뜨겁던 전우애의 열기를 발산하지 못하고 가슴에 깊이 묻은 채 수면 아래로 잠기고 말았던 것이다.

🌿 단체 활동의 중단과 재개(再開)

소위 세간에서 회자되는 1980년 '잃어버린 서울의 봄' 이후 10년 가까운 기나긴 침묵의 세월이 흐른 다음, 1980년대 말기 6.10 항쟁에 의해 신군부의 강권통치의 종언을 고하는 6.29 선언이 발표되고 난 다음 국민직선제에 의한 대통령 선거의 실시로 제6공화국이 탄생하면서 사회통제의 고삐가 풀리고 단체 활동이 재개되었으니 우리 파월전우들의 활동도 봄비를 맞아 솟아나는 우후죽순처럼 전국 각지에서 싱싱하게 새순이 돋아나기 시작했다.

당시 각 지역의 전우회 태동의 모습을 살펴보면 부산 경남에서는 이차군(예 장군), 김용갑(예 장군), 배명국(예 장군), 김종상, 장춘식, 김동욱, 곽병호, 강충걸, 안희웅, 김일근, 정용국, 황문길, 오승렬, 김영민 등이 앞장서 활동하였고, 대구 경북에서는 소장춘, 최성훈, 윤정길, 오유(예 장군), 김희만, 강영구(김천) 등이 활동하였다.

대전 충남에서는 송병건, 김흔기(서울에서도 활동), 이재용, 이대범, 정대영 등이 활동하였고, 충북에서는 임춘식, 이봉구, 이병기(예 장군), 민태구(예 장군, 충북 지사 역임), 정인휘 등이 활동하였다.

그리고 광주 전남에서는 구평서, 이기철, 김수련, 김상남, 배영진 등이 활동하였고, 전북에서는 현금남(서울에서도 활동), 하대식, 박영옥, 이찬호, 김석호, 김형식(서울에서도 활동), 이강원 등이 활동하였으며, 경인지구에서는 정호상, 김장부, 이광은 등이 활동하였다.

강원도에서는 김수찬, 최병돈, 이남주(예 장군, 전 주월사 참모장), 김남용 등이 활동하였으며, 제주도에서는 서창완, 유춘기, 문창휴 등이 활동하였다.

🦋 따이한 클럽

1988년 11월 하순 필자는 한 지인의 소개로 길음고개를 넘어 서울 성북구 종암동 3-1342 주신빌딩 238호를 근거삼아 월남전에서 돌아온 파월용사들에 대한 다각적인 정보와 자료를 수집하고 있는 김두호 씨를 만났다. 그는 4년 동안 월남전선에서 실제로 체험을 통해 습득한 나의 견문을 뛰어 넘을 정도로 월남전에 대한 많은 정보를 가지고 있었으며 더욱이 파월귀국자들의 현상에 대해서는 놀랄 정도의 많은 자료를 수집해 놓고 있었다. 더욱 놀라운 것은 문교부의 협조를 받아 전국의 중·고등학교의 학생들을 통하여 파월용사 10만여 명(총 파월자의 3분의 1)의 소재를 파악해 놓고 있었는데 그 과정에 대해 이야기를 들으며 그 노력과 성과에 대해 감탄하지 않을 수 없었다.

그는 정작 파월 용사가 아니며 그의 동생이 참전했다가 귀국하지 않은 미귀환자(어쩌면 실종자)여서 당초에는 자기 동생을 찾겠다는 일념으로 그 고생을 했는데 그러한 작업과정에서 파월 용사들의 뜨거운 전우애와 추억을 그리는 마음이 얼마나 절실한지를 느끼면서 '월남전에 관한 책자'를 만들면 모든 참전자들이 거의 한 권씩은 소장하고 싶어할 거라는 생각을 하게 되었다며《파월한국군전사》(동방문화원, 1987년 8월 25일 발행) 전11권을 한 질로 하여 이미 출간을 완료해 놓고(이 책자는 국방부 발행《파월한국군전사》를 초대 재구대대장을 역임한 소설가이며 시인인 박경석 장군이 소설체로 각색하여 일반인도 읽기 좋게 각색한 것임) 보여주며 필자에게도 한 질을 구입할 것을 권유하였다.

그 외에도 종군기자로 참전했던 지갑종 의원과 정호용 장군(필자와 같은 부대 백마 29연대의 2대대장 역임)의 격려 서신 등을 보여주며 대변지 신문을 비롯하여 홍보발간물 등을 출판할 계획이니 참여하여 도와달라는 부탁을 하면서 다음에 꼭 연락한다는 말을 잊지 않았다.

김두호 씨는 그 책을 판매하면서 판매대금의 10%를 월남참전기념탑을 세우는 기금으로 하겠다고 홍보하니까 전우들의 반응이 매우 좋았다. 그는 한 걸음 나아가 전우애가 강한 이들을 조직화하여 도서판매 조직으로 이용할 생각을 했던 것 같다. 그래서 적당한 파월 용사 하나를 물색하여 앞에 내세우고 자신은 그 뒤에서 어떤 상업적인 목적을 이루려고 하는 것이 아닐까 하는 느낌을 받았다. 그래서 따이한 클럽의 구성을 생각한 것 같았다.

1988년 12월 23일 세종로의 프레스센터에서 (가칭) 따이한 클럽 발기인대회를 갖게 된 것이다. 이날 행사는 유양배 십자성마을(월남전에서 부상당해 최초로 귀국한 부상병들을 모아 집단 거주케 한 마을) 촌장을 필두로 따이한 클럽 발기인단을 구성하여 진행했는데 그 편성을 보면 고문에 지갑종 국회국방위원, 자문위원에 손주환 중앙일보 이사, 유태완 KBS 감사 그리고 대의원으로는 남영일 정일주택 대표 외 37인이었다. 이날 참석인원은 250여 명의 대표단으로 성황을 이룬 가운데 (가칭) 따이한회의 발기인대회는 결국 따이한회의 창립행사가 되었고 이 자리에서 단체의 초대회장에 석정원 전우가 선임되었다. 이와 같이 전우들이 많이 모여 본격적으로 조직 활동을 하게 되니 당초 이러한 전우모임을 통한 김두호 씨의 애당초 구상은 완전히 빗나가 자연스럽게 뒷전으로 물러나게 되고, 단체는 전우들이 주도권을 행사하는 조직으로 탈바꿈하게 된 것이다. 전우단체의 효시라고 할 수 있는 따이한 클럽(회)의 출범은 매우 정상적으로 궤도에 올려진 듯하였으나 얼마 되지 않아 문제가 제기되었다.

단체라는 것은 첫째로 재정이 뒷받침되어야 하는데 책 도서를 판매하여 재정을 꾸려나가고자 하는 출판업자를 명분을 내세워 축출한 것까지는 좋았지만 물주(物主)를 쫓아내고 보니 돈줄이 끊어지고, 다음에는 자연스럽게 재정문제로 내분이 일어나게 되었다. 그래서 단체에 투자할 만한 자기 재산을 가지지 못한 회장의 퇴진문제가 제기되었다.

이 문제는 이들이 당초 계획하여 추진하던 '4.30 만남의 장'을 기획하는 과정에서 간부진에서 논란이 되어 재정을 뒷받침할 회장감을 물색하게 되었고 파월 전우 중에서 부동산사업으로 거금을 모아 상당한 재력가로 알려져 있는 (주)우당건설 유봉길(庾鳳吉) 회장을 영입하기로 의견의 일치를 보게 되는 것이다. 이들은 재정소요가 엄청나게 예상되는 4.30대회부터 유봉길 전우를 대회장으로 내세우고 대회 때 신임회장에 선임하기로 내약을 해놓고 행사를 추진했던 것이다. 이 때 대회준비위원회 구성을 보면 위원장에 유봉길, 총책에 이충조(예 대령), 일반위원으로 행사의 기획에 남우성(후에 해참 운영국장), 조직에 이화종(후에 참전자회 부회장)을 위시하여 이양호(후에 따이한신보 편집인), 경인순(참전시 군예단장), 강성환(후에 따이한회 복지국장), 최민종(후에 따이한회 운영국장) 등으로 구성되었다.

보라매공원의 4.30 만남의 장

1989년 4월 30일, 이날은 공교롭게도 자유월남이 패망한 날인데 쾌청한 봄날, 전국 각지 요소요소에 붙여진 "전우여 보고 싶다! 모이자 전우여!"라는 광고지와 현수막을 보고서 보라매공원으로 달려온 파월전우는 무려 5만 명을 넘었다. 상당수 전우의 손에는 월남에서 근무했던 소속부대나 전우의 이름을 쓴 피켓이나 깃발이 들려 있기도 했고, 고깔처럼 생긴 종이모자를 만들어 거기에 찾는 전우의 성명과 부대이름을 적어서 머리에 쓰고 나온 용사가 뒤섞여 그리운 전우를 불러대는 목소리들이 옛날 시골장에서 난장을 벌였던 모습에 흡사했다. 월남에서 함께 싸웠던 전우가 얼마나 그리웠으면 저럴까 그들의 간절한 염원을 느낄 수 있었다.

파월용사(派越勇士)—그 단어의 의미는 참으로 깊다. 어떤 참전 작가는 TV에 출연하여 대담하면서 월남전에 참전한 것을 두고 '월남까지 끌려갔다'고 표현했다. 역사 초유의 해외참전 대열에 섰던 것을 명예로 생각하는 전우들에게는 언뜻 귀에 거슬리는 말이지만 1진 파월용사들은 사실 그랬었다. 월남에 가면 꼭 죽을 것 같았기 때문이다.

그 후 3진, 4진 순환이 거듭되면서 거의 무사(?)하게 고향에 돌아왔지만 모든 파병 대열에 섰던 자들은 계급과 병과를 불문하고 수송선을 타면서 '내가 다시 이 배를 타고 돌아올 것인지' 하면서 죽음을 생각하지 않은 사람은 한 명도 없었다는 사실이다. 죽음이 도사리고 있는 그런 곳에서 잘 견디고 살아 돌아온 자들의 만남이 어떠했을까?

1989년 4월 30일 쾌청한 봄날이다. 드디어 보라매공원의 '전우만남의 장'이 열렸다. 그날 보라매공원 잔디광장에서는 여기저기서 25년만의 해후의 촌극이 벌어졌다. 그동안 얼굴이 많이 변해 버린 전우들은 피켓이나 모자표지에서 자기를 찾는 글을 보고서 상대를 알아보고 얼싸안았다.

그날의 행사에 대한 '따이한新報'의 기사를 인용해 서술하기로 한다.

따이한신보의 그날 기사 제목은 이러했다. "전우여! 이것이 얼마만인가? 사선(死線)을 넘어온 파월용사들 격정의 6시간" "5만여 전우 극적 상봉, 동작원두에 우렁찬 노병들의 함성"이라는 제하에 본문 기사는 이렇게 서술하고 있다.

> "25년이란 세월을 두고 그토록 그리고 애태워하며 만나고 싶었던 전우들이 마침내 한 자리에 모였다. 4월 30일(일요일) 오후 2시 서울 동작구 보라매공원의 잔디광장에서 개최된 『파월용사 전국 만남의 장』에는 유학

성 국회 국방위원장(전 파월십자성부대장)을 비롯하여 김상균(파월시 주월사 참모장), 진종채 前 작전부사령관, 지갑종 의원(파월종군기자) 등 1백여 명의 내빈과 전우 및 전우가족 등 5만여 명이 참석하여 피와 땀과 눈물로 맺어진 뜨거운 전우애를 다시 찾은 흥분의 한마당이었다. 만남의 장 행사는 육군본부 군악대의 연주가 울려 퍼지는 가운데 전우들은 가슴 깊숙이 묻어두었던 파월부대가 맹호(맹호는 간다), 청룡(우리는 청룡이다), 백마(白馬)의 노래를 목이 터져라 차례로 합창하는 소리가 동작원두의 하늘 높이 메아리쳐 퍼져 나갔다.

따이한 파월용사 전국 만남의 장 4.30대회 제1부 행사가 사회자인 신소걸(코미디언) 대회준비 부위원장의 선언으로 우렁찬 군악대의 팡파르와 함께 막을 올렸다. 이어 미모의 피켓걸 선은아 양이 든 따이한旗를 선두로 파월부대기들이 차례로 입장하자 전우들은 뜨거운 박수와 함성을 질러대 천지가 진동하는 듯했다. 국민의례에 이어 내빈 소개와 경과보고가 있은 다음 유봉길 대회장의 대회사가 있었고 다음으로 중앙회장 이취임식이 이어졌는데 신임 유봉길 회장이 전임 석정원 회장으로부터 따이한旗를 이양 받아 군중을 향해 힘차게 흔들자 우레 같은 박수갈채가 쏟아져 분위기는 더욱 고조되었다.

퇴임하는 석정원 회장은 만감이 교차하는 가운데 오직 전우회가 잘 되기만을 생각하며 사심 없이 자리를 내놓으며 눈물겨운 이임사를 하였고 신임 유봉길 회장은 대회 인사말에서 "20여 년 전 우리는 머나먼 이국 땅 월남에서 꽃다운 청춘을 조국의 제단에 바쳐 세계평화에 기여하려고 분투노력하는 가운데 때때로 고향의 부모형제를 생각하며 눈물을 흘리기도 하였습니다. 바위산을 넘고 정글을 헤치며 때로는 늪지를 헤매며 온갖 독충과도 싸우며 조국에의 충성 일념으로 싸운 우리들의 노고가 후일에 국위선양과 경제부흥의 초석이 되었으니 이 얼마나 자부할 일입니까? 전우 여러분 그러한 가운데 그곳에서 장렬히 산화함으로써 조국에 돌아오지 못한 전우도 많습니다. 우리는 다행히 살아서 돌아왔습니다. 그러므로 기쁘지 않을 수 없습니다. 그러나 우리는 산자의 도리를 하여야 하겠습니다. 오늘 이 만남의 장을 출발점으로 하여 전우단결과 전우들의 명예를 위하여 매진합시다!"라는 요지의 대회사에 5만 전우들은 열렬한 박수를 보냈다.

유봉길 회장은 경제적으로 취약한 전우 가족 중에서 선발된 자녀에게 장학금을 전달하고, 월남패망 때 월남을 탈출하여 보트피플로 구사일생 목숨을 건져 한국에 와서 어렵게 살아가고 있는 난민을 위한 격려금을 팜티독 월남난민회장에게 전달하기도 했다.

피켓 아가씨 선은아 양의 인도로 파월부대기가 입장하고 있다

4.30대회 마지막은 유학성 국방위원장의 만세삼창으로 막을 내렸는데 4.30대회를 잠시 살펴보자면 파월 전우 30년 역사에 전무후무한 거사이며 이로부터 전우단체의 조직이 활성화되고 급속도로 확산된 점을 고려할 때 그 의미가 실로 지대한 것이라고 평가하지 않을 수 없으며 행사 규모나 재정적 소요가 엄청난 이렇게 거대한 이벤트를 어떻게 추진하였는가?

석정원 회장이 신임 유봉길 회장에게 회기를 인계하는 장면

궁금하지 않을 수 없는데 다만 대회장을 맡은 유봉길 회장은 당시로서
는 거금인 5천만 원을 행사비용의 일부로 쾌척하였고 행사의 전말을 무난
히 진행하여 마무리한 점을 살펴볼 때 그의 능력이 상상외로 대단했다는
점을 간과하지 않을 수 없는 것이다.

이렇게 큰일은 아무라도 할 수 없다는 점을 지적하면서 '잔치 끝에는 말
이 많다' 는 격언도 있지만 자기는 못하면서 남이 한 일에 대해서는 으레
트집을 잡는 소인배가 왕왕 있는 것을 보는데, 우리 전우들은 이러한 점을
교훈삼아 다른 전우가 하는 일에 가급적 긍정적으로 보고 평가하고 협력
하는 풍토의 조성이 필요하다는 것을 강조하고 싶은 것이다. 그럼에도 불
구하고 행사의 후유증이랄까 아니면 전우회가 갖는 특수한 성격상의 불
가피한 진통이랄까 하여간 행사가 끝나자 마자 회장의 거취를 두고 말썽
이 나서 큰 포부를 안고 매우 의욕적인 출발을 했던 유봉길 회장은 취임 2
개월 만에 회장을 내놓게 되었으니 그 전말에 대하여 살펴보면 이렇다.

그 당시 직접 간여하지 않은 필자는 4.30 대회 직후에 전우단체 언론에

들어와 줄곧 유봉길 회장을 상대하면서 '이렇게 훌륭한 인사가 어찌해서 회장에 취임한 지 얼마 되지 않아 물러나야 했는가?'에 의문을 가지고 그 문제와 관련 있는 전우들을 만나 다각적으로 탐색해 보니 만나는 인사마다 말이 다르고 아전인수 격으로 사설을 늘어놓는 것을 보고는 이는 헤게모니 싸움이 아니면 자리다툼의 결과였다고 내 나름의 판단을 하지 않을 수 없었다.

다시 말해 전우회 초기 32만 전우들을 한 틀에 결집하여 이끌고 갈 큰 인물이 없는 상태에서 단순하고 순수한 전우애로만 모여서 도토리 키 재기 식 경쟁이 판을 친 게 아닌가 하는 생각을 떨칠 수 없는 것이다. 질곡에 빠져 해야 할 일을 못하고 있는 오늘의 전우회처럼 30년 전 당시도 그랬던 것 같다는 생각이다. 장교와 사병 출신이 혼재한 전우회에서 병장 출신 유봉길은 실제로는 대단한 능력자임에도 그 능력을 인정하기는커녕 제대로 평가하지 않아 일할 기회를 주지 않고 오로지 감정으로 사소한 잘못을 트집 잡아 밀어냄으로써 크게 발선할 수 있는 전우회를 제자리걸음으로 주저앉게 하였다. 오늘의 전우회 사정도 그때와 비슷한 현상이 답습되고 있다는 생각이다.

필자는 결코 과거 유봉길 전 회장이나 얼마 전의 우용락 전 회장을 두둔할 생각은 추호도 없고 다만 전우회가 제대로 갈 길을 가면서 승승장구 발전해 나갈 기회를 우리들 스스로의 손으로 무너뜨렸다는 아쉬움을 말하고자 하는 것이다. 우리는 리더를 선택하고 신임하고 지지하는 일을 절대 감정으로 하지 말고 이성으로 냉정히 생각하고 판단하여 나가야 하는 자성자각(自省自覺)이 절실하게 요구되는 시점에서 말하려 한다.

당시의 시대상은 우리와 같이 규모가 큰(32만) 전우단체를 이끌어 나가는 데는 첫째로 막대한 운영자금의 조달능력이 요구되는 때였기에 유봉길 같은 재력가가 적임이라 생각되었고 그는 재력뿐 아니라 정관계(政官界), 재계(財界) 등 사회적으로 폭넓은 인맥을 구축하고 있는 실력자였는데도(지금은 IMF 피해자가 되어있지만) 전우들은 그를 과소평가하여 물리침으로써 우리들 스스로 피해자가 되고 말았다는 말이다.

그러나 장교 그룹은 전우회 리더는 장군이어야 한다는 생각을 많이 했던 것 같다. 그 시절만 해도 군부가 정권을 장악하고 있던 때라서 혹시나 ~ 하는 군인맥(軍人脈)이 유효할지 모른다는 막연한 기대감이 있었는지 모른다. 그리하여 거론된 인물이 육사 11기 출신인 이영하 장군과 육사 12기 출신 이병기 장군(예 소장)이었다. 그중에서도 당시 충주호관광회사 사장으로 있던 이병기 장군은 육사 선배인 노태우 대통령의 지원을 받아 전우회를 한 번 멋들어지게 운영해 보려는 생각이었던 것 같고 그 지지자들도 같은 생각이었던 것 같았다.

필자는 그를 리버사이드 호텔에서 단독으로 인터뷰해 본 결과 그가 시도하는 일은 꿈은 좋지만 '잘 안 될 일'이며 인물로도 32만 파월 용사들의 리더로 내세우기에는 어딘가 어울리지 않는다는 생각이 들었다. 필자는 늘 전우회 같은 조직에서는 권위주의보다는 부드러운 친화력이 더 유효하다는 생각이었기 때문이다.

또 이런 일도 있었다. 필자는 그 무렵 석정원 고문과 함께 평소 친분이 있는 신군부 최고 권력자 중 한 분을 찾아가 전우회에 대한 도움을 요청한

4.30대회장에 운집한 5만 여 전우들

바 있는데 그분의 대답이 너무도 뜻밖이었다.

"아—당신들이 하고 있었구만! 월남전이 어느 때 일인데 이제 와서 그러는가?"

그 인사는 다른 사람도 아닌 월남전 때 재구대대장을 지낸 분이었고 필자는 평소에 그분을 존경하고 인간적으로도 좋아하고 있었기에 특별히 별러서 찾아간 것인데… 그러한 말을 들었을 때 너무도 실망하며 '권력에 도취되어 과거를 까맣게 잊어 버렸군!' 하면서 그의 사무실을 나왔던 것이다. 천지가 자기네 것으로 생각될 만큼 흠뻑 취해 있는 그들로서는 충분히 그런 생각을 할 수 있다. 그러나 그런 허망한 세력을 믿고 회장을 해 보겠다고 하는 인사나 그런 사람을 떠받드는 일부 전우들이 새삼스레 한심하게 여겨졌던 것이다.

한편 회장 사퇴 압력을 받고 있던 유봉길 회장은 차라리 자신이 잘 아는 이영하 장군(육사11기 예 준장)을 후임 회장으로 밀고 물러나는 것이 낫겠다는 생각으로 그를 천거했으나 두 장군은 모두 권력(?)의 지원을 보장받지 못함으로써 무산되고 말았다. 그러나 결국 유봉길 회장은 또 다시 퇴진하지 않으면 안 될 결정적인 난관에 봉착하게 되는데 그것은 다름이 아니라 행사 준비과정에서 한진그룹으로부터 지원받은 5천만 원 중 일부를 공금통장에 넣지 않고 가지고 있다가 부회장으로 있던 신소걸 씨의 고발과 함께 강력한 사임압력에 밀려 물러나면서 행사 잔여금 1천 3백만 원을 반납하지 않은 것이 또 말썽이 되었다. 필자는 이 대목에서 '천려일실(千慮一失)—천 번을 생각했는데 한 가지를 놓치다' 는 격언을 생각하면서 전우회에 고질적인 병폐로 깔끔하게 마무리 짓지 못함을 개탄하지 않을 수 없는 것이다.

모름지기 '전우회는 순수하고, 깨끗하고, 투명해야 한다' 는 철칙과 같은 불문율을 절대로 어기면 그 어떠한 공로자의 전공(前功)도 빛을 잃게 된다는 냉엄한 교훈을 잊어서는 안 된다는 것이다. 너무도 안타깝기에 부언하는데 당시의 유봉길 회장은 100억대의 거부로서 '그깟 돈 천만 원쯤이야!' 라고 생각하고 4.30 대회를 잘 치른 공로자를 그토록 몰인정하게 몰아내는데 오기가 나서 호주머니에 넣고 나왔는지 모르나 부자간에도 계산은 명확하게 해야 한다는 말과 같이 '돈 문제에 분명하지 못했구나' 하는 아쉬움을 금할 수 없는 것이다.

그 문제에 대해서 유 회장은 뒤에 따이한회에 나와 사과하고 반납함으로써 완전히 매듭을 지었다. 시시콜콜 이런 전말을 쓰는 이유는 전우 사이에 있었던 석연찮은 과거지사를 가지고 더 이상 뒷말이 없기를 바라는 마음에서이다.

전우단체의 난립(亂立)

1989년 4월 30일 보라매공원의 만남의 장은 파월전우들의 상봉과 해후의 기쁨이 넘치는 흥분의 도가니를 연출한 획기적인 이벤트로 전우 결집의 계기가 되었고 전국적인 거대 조직으로의 출발점이 되었다고 할 수 있는데 앞서 '전우회의 생성배경' 에서 지적한 바와 같이 우리 파월전우들의 단체는 전국 각지에서 자생적으로 생성(生成)되었던 만큼 조직의 뿌리가 딱 잡아 '어디에서부터' 라고 말하기 어려운 것이다. 실제로 정부 기관(자치제기구)에 단체로서 '전우회' 라는 이름을 붙여 가장 먼저 등록한 것은 1988년 6월경 부산직할시의 월남참전전우회(대표 강충걸)라고 말할 수 있을 것이다. 그러나 부산의 그 월전은 지역적 편중성 때문에 잘 알려지지도 않았고 그 세(勢)가 미약해서 한 지역의 친목모임 정도의 구실을 벗어나지 못했던 것이다.

그 외 대구에서도 소장춘 전우가 단체로서의 활동을 시작하고 있었으며 충청지역이나 광주 전남 등지에서도 전우활동은 이미 재가동(再稼動)되고 있었지만 전술한 대로 각각 지역의 테두리를 벗어나지 못했을 뿐이었는데 4.30 대회를 계기로 서울을 중심으로 한 전국적인 거대단체로 발돋움하려는 의욕에 불을 댕긴 것이라 할 수 있을 것이다.

우리 현대사를 보더라도 해방 직후 국군이 성립되기 이전에 얼마나 많은 군사단체가 난립했던가? 그리고 6.25한국전쟁 휴전 이후에 얼마나 많은 6.25참전단체가 난립했던가를 상고하면 우리가 바로 그러한 전철을 밟고 있지 않았나 하는 생각을 하게 되는데 어쩌면 이러한 현상은 자연스러운 것이 아닐까 하는 것이다.

문제는 4.30 대회가 외양상 훌륭한 모습을 연출했지만 기획과 시행과정에서 완벽하지 못한 여러 가지 문제점으로 인하여 미래를 향한 목표로 매진하려는 출발점에서부터 여러 가지 불미스러운 사건이 불거지면서 심지어 언론에 보도까지 되는 결과를 초래하였다. 따라서 전국 각지에서 자생하여 활동 중인 모든 군소조직을 '파월전우'라는 일체감(一體感)으로 꽁꽁 묶는 작업에 실패하고 부분적으로 뜻이 통하는 끼리끼리의 이합집산하는 역반응을 일으키는 결과를 초래했던 것이다.

그리하여 4.30 만남의 장을 계기로 따이한(클럽)은 따이한회라는 단체로 급부상하여 파월전우의 대표성을 띤 것처럼 행세하였으나 실제로는 그렇지 못하였으니 동대문구 신설동에 사무실을 개설하여 전술한 바 있는 부산, 대구, 광주, 전남북, 충남북 등지에서 활동하던 기존 단체와 연계하여 월남참전전우회라는 사회단체로 서울에 등록을 필하였다. 월전은 예비역 대령인 유영송 전우를 회장으로 세우고 지방 조직을 확대하여 나갔으니 전우사회에서는 선후배간에 덕망이 있고 친화력이 강한 인사여서 그 세가 날로 증가하여 전우조직은 짧은 기간에 따이한과 월전의 양대 산맥으로 우뚝하게 그 모습을 드러냈다.

여기에서 빠질 수 없는 사안이 초대 주월한국군 사령관을 역임하신 채명신 장군의 태도이다. 채 장군은 양측의 전우들을 모두 만났다. 필자는 당시 전우언론인의 입장에서 채 장군의 집에 자주 방문하기도 하였는데 장군은 두 단체 모두에 호의적으로 대하면서도 내면으로는 석연찮은 불만감을 품고 있는 듯했으며 속내를 감추고서 당신 나름의 어떤 구상을 하고 있지 않은가 하는 느낌을 받았다.

 ## 철의 장막에 갇힌 사회주의 베트남 문을 열다
따이한회 전적지 답사(踏査)−현지주민들 스스럼없는 환대

이토록 왕성한 조직의 발전을 기하는 가운데 따이한회의 간부들은 그 옛날 월남에서의 젊은 시절이 그리워져 월남방문단을 구성해 아직 미수교 상황의 사회주의 국가의 문을 두드렸다.

베트남 남부인 자유월남공화국은 1973년 3월 23일부로 한국군이 완전 철수한 다음 2년만인 1975년 4월 30일에 사이공의 대통령관저인 독립궁이 월맹군 탱크에 의해 점령됨으로써 자유월남공화국은 영원히 사라지게 되며 베트남 전체가 공산화됨으로써 자유세계와는 등을 돌린 철의 장막에 갇히게 되었는데 용감한 따이한 전우들은 1989년 7월 5일부터 15일까지 10일간 일정으로 대담하게도 미수교국인 공산 베트남 땅을 20년 만에 다시 밟게 된 것이다.

황문길 따이한회 회장대행을 위시한 베트남방문단 14명은 7월 5일 오전 9시 45분 김포국제공항에서 KAL 631기에 올랐다. 당시에는 베트남으로 직접 가는 직항로가 개설되지 않은 관계로 이들은 태국의 방콕 행을 탑승

하고 오후 늦게 태국 수도 방콕에 도착하여 1박한 다음에 이튿날 오후 2시경 사이공(현 호치민시) 행 소련제 쌍발기를 타고 1시간 반 후에 탄손누트 공항에 담대히 도착하였다. 이 얼마 만에 다시 밟아보는 월남 땅인가? 감개가 무량하였다. 그러나 잠시 후 눈에 들어온 탄손누트 공항의 모습은 1973년 3월 최후의 파월부대가 떠나올 때에서 시간이 멈춰진 듯 하나도 변한 것이 없이 초라하고 을씨년스럽기만 하여 방문단을 서글프게 했다.

방문단 일행은 전세버스를 이용하여 시내로 들어왔다. 사이공의 분위기는 첫눈에 섬뜩하리만치 어두웠다. 파월 당시는 비록 전쟁하는 형편이었지만 동양의 파리답게 화려하고 생기가 넘쳤는데 6.25 직후 한국의 모습처럼 퇴락하고 먼지만 풀풀 날리는 것 같았다. 거리를 누비던 오토바이는 모두 어디로 갔으며 날씬한 여성들의 아오자이는 왜 사라지고 없는가? 그래도 이들은 한국군의 위용을 과시하던 주월한국군사령부 자리를 찾아갔다. 태극기가 펄럭이던 국기게양대는 녹이 슨 채로 허공에 뻗어 있다. 사령관 집무실, 참모부 사무실, 장교숙소로 쓰던 홍콩호텔 등 가 보고 싶은 궁금증이 굴뚝같았지만 억지로 참고 숙소로 돌아오고 말았다.

6일엔 호치민시 인민위원장을 만나 환담하였다. 말하자면 지난날의 적과 적이 서로 만나 악수를 한 것이다. 양측은 속내는 어쩔지 모르지만 겉으로는 웃는 낯으로 스스럼없이 대화를 나누고 준비해 간 간단한 선물도 증정하는 화기애애한 분위기가 시종 계속되었다. 베트남 사람들은 민족의식이 매우 강하여 언뜻 보기에는 배타적인 면도 있는 듯하면서도 관대한 민족성을 지닌 것 같았다. 방문단 일행은 계속하여 디안의 비둘기부대, 나트랑의 십자성부대 자리 등을 차례로 돌아보고 주변의 민가에 들러 주민들과도 만나 조그만 선물을 아이들에게 나누어 줄 때 그 옛날 대민봉사 활동을 할 때와 같은 기분을 느꼈던 것이다.

그럼에도 불구하고 훗날 구수정이라는 좌파언론의 통신원은 '한국군이 악랄하게 베트남 사람들을 학살했다'고 침소봉대하여 언론에 보도함으로써 한·월 두 국민(민족) 간의 불화를 조성하려 획책했다. 참전 당시 한국군은 경로효친(敬老孝親)에 예의 바른 미풍양속을 지니고 있으며 또 부지런하고 친절한 민족임을 알리려 많은 노력을 했다. 이들 월남방문단은 처음에는 사회주의 공산국가에 들어왔다는 자체가 공포이며 조마조마한 마음으로 위축되었는데 시간이 지남에 따라 차츰 안심되는 마음으로 과거 주둔지를 방문하며 주민들도 만나게 되었다.

이런 식으로 기대와 실망이 교차하는 가운데 열흘간의 베트남 여정은 사이공(호치민시)에서 가장 가까운 디안의 비둘기부대로부터 출발하여 이미 폐쇄되어 버린 붕타우의 이동외과병원 자리, 닌호아의 백마부대 자리, 퀴논의 맹호부대 주둔지, 나트랑의 십자성부대 자리 등을 차례로 둘러보며 옛날을 회상하였다.

퀴논의 맹호부대 정문은 기둥이나 경비실이 그대로 남아 있었고 특히 맹호정(猛虎亭)은 현판 글씨까지 선명하게 남아있었다. 이 현판 글씨는 따이한 중앙회 최민종 운영국장이 맹호사령부 본부중대에 근무할 때 쓴 것이라고 하였다.

방문단 일행이 퀴논에 갔을 때는 그곳 성장을 만나 "앞으로 우리 전우들이 이곳을 자주 방문할 것이니 잘 보살펴주기 부탁한다"고 하니 "환영한다. 언제든지 오시오. 여행에 불편이 없도록 최선을 다하여 안내해 드리겠다"고 대답했다. 그리고 민간인 주민들은 일행을 보고 '따이한'을 연호하면서 매우 반가운 표정들을 보냈다.

20여 년의 세월이 흘렀지만 과거에는 총부리를 맞대고 싸운 적인데 이렇게 호의적으로 대해 주는 것은 아마도 참전 시 우리들의 성의를 다한 경로잔치를 비롯한 마을 돕기, 유치원 등 학교시설 보수작업 그리고 망가진 도로보수까지 다양한 대민친선 행사를 했던 보람이 아니었을까 하는 생각을 했다고 한다. 방문단 일행은 그곳을 떠나올 때 전우들의 땀과 피가 서린 월남의 흙을 고이 수거해 가지고 왔다.

🌺 파월전몰용사 합동위령제

따이한회 황문길 회장은 1989년이 가을로 접어들 무렵 월남에서 산화한 5,099명 영령에 대한 위령제를 지내자는 제안을 하여 회의를 열었다.

대부분의 간부는 이 안에 대하여 찬성하면서 다만 큰 행사를 계획하고 준비하는 과정을 감안하면 연내에 행사를 치르기가 어려우므로 지금부터 준비하여 내년 봄 따뜻해진 적절한 날을 잡아 시행하는 것이 좋다는 견해를 피력했는데 회장과 석정원 고문은 기필코 연내 시행을 해야만 한다고 강력히 주장하여 행사계획이 결정되었는데 시행일을 보니까 겨울인 12월 17일이며 장소는 4.30 대회를 열었던 보라매공원의 잔디마당으로 결정되어(관리소에서 승인) 이곳에서 '파월참전전몰용사 합동위령제'를 올리게 되었다. 행사준비는 5천 영령의 위패를 모시는 제단을 꾸미고 마당에는 사진전시를 하는 등 규모가 꽤나 큰 것이어서 준비가 만만치 않았는데 소요예산은 행사계획서에 따르면 총액 4억 5천 442만원이라는 큰 금액이었다.

그런데 준비기간의 짧은 시일 관계로 어느 곳에서의 후원도 받지 못하고 5천 영령 제단을 조성하는 일로부터 모이는 전우들의 식사를 비롯하여 행

사에 소요되는 막대한 경비를 결국 황문길 회장 개인 사재로 충당하는 무리한 진행을 할 수밖에 없었다.

주최 측에서는 채명신 초대 주월한국군 사령관을 대사제로 모시고자 간청하였으나 답을 얻지 못하고(그분은 기독교장로로서 그런 행사는 미신이라고 생각했을지 모른다) 결국 전우들의 모든 활동에 전적으로 호의적인 윤필용 장군(맹호부대장 역임)을 대사제(大司祭)로 삼아 그날 오후 2시부터 위령제를 올리게 되었다. 그날따라 겨울바람이 세차게 불어 참석 전우들은 살을 에는 강추위 속에서 벌벌 떨어야 했다. 특히 대사제인 윤필용 장군의 추도사는 슬픈 울음인지 추위에 의한 떨림인지 듣는 사람들로 하여금 안타까움을 자아내게 하여 장내는 더욱 숙연해졌다.

이리하여 각 지방에서 올라온 전우들도 고생을 많이 하였다. 일반 사가(私家)에서도 슬픈 행사일지라도 대소가족이 모두 모이는 행사에서는 우애를 더욱 돈독히 하는 계기가 되는 법이듯 월남 전장터에서 산화한 전우들에 대한 위령제에 모이는 전우들은 더욱 굳건히 전우애를 다지는 장이 되어야 할 텐데도 이날의 분위기는 강추위 때문이어서인지 전연 그렇지 못한 모습이어 아쉬움이 많았다.

이 날 윤필용 장군이 읽은 추도사는 아래와 같다.

파월전몰용사 합동위령제 추도사

오호라 슬프도다. 슬프도다. 여기 임재하신 5천여 위의 파월참전전몰용사 영령들이시여! 만리 이국 땅 월남에서의 애달픈 이별 이후 25년 만에 만났는데 임의 모습 보이지 않으니 어이된 일입니까? 올 봄 5만여 우리 전우들이 환희와 반가움으로 얼싸안고 열광하던 이 자리… 4.30 만남의 장이 열린 이 자리가 아닙니까? 임들과 우리가 유명을 달리 하는 입장이 아니라면 우리도 함께 얼싸안고 그때처럼 춤도 추고 노래도 부를 게 아닙니까? 여기에는 그날처럼 임들과 생사고락을 같이 하던 전우들이 모두 와 있습니다.

그런데 왜 임의 모습은 보이지 않는 것입니까? 그렇게도 보고 싶고 만나고 싶어 하던 가족들을 만났는데 왜 말 한 마디 없습니까? 25년 만의 세월이 흐르도록 너무나 무심하고 몰인정하였다고 원망하여서입니까? 너무나 반가워서 말문조차 막히신 것입니까? 차라리 원망하는 말씀이라도 실컷 퍼부어 주소서!

'4.30 만남의 장이 열린다고 하여 찾아왔더니 너희들만의 자리일 뿐 우리의 자리는 없더라. 우리는 누구 하나 거들떠보지도 않더라! 차라리 팔다리가 없어도 살아서 돌아와 너희들과 함께 하는 전우들이 부럽더라! 척추가 부러져 휠체어를 타고 앉아 눈물을 흘리는 전우가 그렇게 부러울 수 없더라'고 소리쳐 원망이라도 해 보소서. 어느덧 하얀 백발로 노인이 되어버린 여러분의 아버지 어머니들께서도 이 자리에 와 계십니다.

임들께서는 지금 우리들의 눈에는 보이지 않지만 이 자리에 오셔서 "어머니, 아버지 죄송합니다. 이 못난 불효자식을 용서하소서" 하고 말씀하시겠지요. 꽃다운 얼굴로 임들을 애타게 그리다가 이제는 주름으로 가득한 중년이 되어 임의 영전에 꽃송이를 바치옵니다. 그렇게도 보고파하던 어린 아들딸들이 청년이 되어 이 자리에 와 있습니다. 뭐라고 한 마디쯤 말씀해 보소서!

전우들이여! 위대한 이 나라의 호국영령들이시여! 우리는 당신들의 뜨거운 애국심과 위대한 공훈을 그 숭고한 희생을 잘 알고 있습니다. 임들이 흘린 고귀한 피는 이 나라를 부강한 나라로 만들었습니다. 먼저 가신 전우들이여, 이제는 우리도 당신들을 더 이상 외면하지 않겠습니다. 우리는 이제 따이한의 이름으로 다시 일어섰습니다. 당신들을 위해 다시 뭉쳤습니다. 우리는 당신들의 정신을 생각하며 국민 앞에 몸으로 실천하여 널리 알리어 여러분의 명예가 만대에 전해지도록 힘쓸 것입니다. 여러분들의 희생과 공훈을 모든 국민이 늘 생각할 수 있는 기념공원을 조성하여 영원히 기리도록 할 것입니다. 또한 우리 후세들이 천세만세 임들의 뜻을 기리고 그 뜻을 따라 나라를 사랑하고 이 강토를 지키며 번영시키도록 할 것입니다. 위대한 파월전몰영령들이시여, 마음 편안히 하시고 영면하소서. 편히 쉬소서!

1989년 12월 17일

위령제 위원장 **윤 필 용**

위령제 대사제 윤필용 장군의 추도사

　윤필용 장군은 시종 제단 앞에서 격앙되어 떨리는 음성으로 추도사를 읽은 다음 눈물을 훔치며 단하로 내려왔다. 그리고 위령제를 마친 다음 집행부 간부들을 향해 "우리(장군들)가 해야 할 일을 자네들이 하는데 면목이 없다"는 말을 남기고 귀가하였다. 그날 일기가 유독 추운 관계여서인지 행사가 끝난 후 전우들은 이내 자리를 떴고 장내에는 아무도 남아있지 않고 제단만 썰렁한 행사장에 남몰래 다녀간 노(老) 장군 채명신 사령관이 있었다. 그분의 심경을 누가 알리오!

1969년 월남에서 귀국하여 맨 처음 찾은 곳이 파월전몰용사 묘역이 아니었던가? 그는 거기서 뜨거운 눈물을 흘렸었다. 어느 기자는 그 모습을 카메라에 담아 〈장군의 눈물〉이라는 제목을 달아 보도하였다. 그는 그때까지만 해도 대중 앞에 나타날 입장이 아니었다. 더구나 다수의 전우들이 모이는 앞에 나타나면 틀림없이 '월남에서 돌아온 개선장군'으로 열렬한 환영을 받았겠지만 한 편으로는 칼날 같은 권력의 매서운 눈총을 받기에 충분했을 테니까 말이다.

따이한회(사회단체) 등록

따이한회는 일부 이탈한 세력이 새로운 조직을 만들어 활동하는 가운데서도 1989년 7월 6일자로 사회단체 '따이한회'로 등록을 마치고 조직을 점차 확대해 나갔다. 해는 바뀌어 1990년이 되자, 따이한회는 3월 31일에 성동구 화양동에 소재한 부메랑 뷔페에서 전국대의원총회를 열고 앞으로 조직을 한 단계 강화하기 위해 사단법인을 목표로 그 체제에 대비하여 정관을 개정, 중앙회에 본부장 제도를 도입하고 명칭도 법인에 걸맞게 개정한다는 결의를 하였다.

5월 2일에는 서울 동대문운동장에서 코미디언 송해 씨가 이끄는 새마을연예인단 소속 연예인들과 우리 회원들이 경합을 벌이는 체육대회를 열었는데 승용차를 경품으로 걸어 경합을 벌임으로써 열기가 대단하였다.

5월 6일에는 여의도 광장에서 '전국자원기동봉사대합동발대식'을 거행하고 어제의 용사가 오늘의 지역봉사 일꾼으로 모범을 보이겠다는 결의를 다짐하였다.

전우언론의 활동

파월 전우의 언론은 기자 출신인 이양호 전우의 아이디어에 의해 주간(週刊) 따이한新報라는 제호로 1988년 10월 19일 창간호를 냄으로써 출발했는데 이는 월남참전용사들의 명예선양과 32만 참전전우들의 가일층의 공고한 결속을 다지는 데 일조하기 위함이었다. 창간 당시 발행인은 따이한 회장인 석정원 전우가, 편집인은 기자 출신인 이양호 전우가 맡았다. 이후 회장이 교체되면서 1989년 7월 황문길 회장 대행에게 넘어갔다.

이후 전우언론은 전우조직이 분열되는 것과 함께 여러 제호로 난립(亂立)되었고 운영상의 문제로 무수히 생겨났다가 사라지는 우여곡절을 거듭하여 결국 전우뉴스(발행인 박종화)와 국방전우신문(발행인 석정원) 양개 신문만이 남게 되었다(이후 전우언론이라고 할 것임).

필자가 전우언론에 개입하게 된 것은 1989년 8월인데 지인의 소개로 따이한신보의 편집위원으로 추천되어 동 신문사에 갔을 때 5~6명의 편집국 기자들을 비롯하여 광고국, 총무국 등 부서를 갖추고 매주 1회씩 발간할 예정이라고 하였으며 신문사 직원들의 명함을 보니 명함의 윗머리에 '32만 따이한 회원의 대변지'라고 찍어 놓고 있었기에 즉시 황문길 발행인실로 찾아가 "신문사 사람들이 따이한신보는 32만 따이한 회원의 대변지라고 명함을 찍어가지고 다니는데 본인은 전체 파월용사들의 대변지라고 하지 않으면 일할 수 없다"고 했더니 황 회장은 잠시 생각하더니 "그렇게 하시오"라고 말하기에 내심으로 깊은 속내는 알 수 없지만 첫인상이 지성적이고 관대한 인격의 소유자구나라고 여겼던 것이다.

이로써 따이한신보는 한 단체의 회보 성격을 벗어나 전우언론으로서의 구실을 할 수 있게 된 것이다. 그 후 전우언론은 분열된 전우들의 화합을 위해 경우에 따라서는 협력할 것은 협력하고 교류하도록 유도하면서 두 개로 양분된 단체를 하나로 합치는 계기를 마련해 보려고 적잖은 노력을 했다.

그러던 중에 12월 20일 여의도 오성빌딩 704호에 있는 따이한신문사에는 귀한 손님이 방문했는데 그는 다름 아닌 지구 남반부의 호주에서 날아온 재호주월남참전한인회의 최영환 회장과 한수원 총무였다. 그들은 호주로 이민해서 열심히 살고 있는 참전전우들의 현지에서의 생활상을 상세하게 말해 주었는데 호주사회는 이민으로 들어간(처음엔 파월전우들 대부분이 불법 체류) 한국인 중에서도 월남참전자들은 매우 우대하고 정부의 혜택도 자국민과 똑같이 해 준다는 얘기를 했다. 인터뷰를 마친 그들은 그때까지 철상(撤床)하지 않고 있는 보라매공원의 5천 영령위패를 찾아가 헌화하였다.

🌿 채명신 초대사령관 인터뷰

1990년 여름으로 접어든 6월 말일 경 황문길 회장은 장영목 사무총장을 대동하고 채명신 전 주월한국군 사령관을 찾아 용산구 후암동에 있는 자택을 방문하였다. 이 때 인터뷰는 필자가 맡았다. 우리 일행을 반갑게 맞

인터뷰 장면, 중앙이 채명신 사령관 왼쪽이 필자

이한 사령관께서는 가정부가 내온 차를 권하며 입을 열었다.

"전우회 활동은 역사적 진실을 올바로 재조명할 수 있는 활동이어야 된다"는 점을 강조하면서 "전우들은 순수한 전우애로 쌓은 공에 흠집이 안되게 살아야 된다"고 말하였고 이어서 "월남전쟁에서 귀중한 희생을 빛내는 것이 우리의 소임"이라고 말하였다.

그리고 오랜 동안 외국생활에 대한 궁금한 전우들의 질문에 답하는 등 대화를 나누는 가운데 어느덧 창밖에는 땅거미가 지기 시작했다. 일행이 작별을 고하자 장군께서는 어둑어둑한 골목까지 나와 배웅하면서 일행의 손을 일일이 정답게 잡아주었다.

이튿날 신문사 편집진은 때마침 '파월용사들의 화합이 시급하다'는 제목으로 기고한 김형식 조직국 차장의 칼럼을 인터뷰 기사 옆에 편집하여 게재하였는데 이는 전우언론이 지향하는 일면을 간접적으로 표명한 것이기도 한데 30년 가까이 지난 오늘까지도 그 화합(和合)은 이루어지지 않고 오히려 갈등이 심화된 현실이 안타깝다.

🌿 확대되는 전우조직

4.30대회 이후 파월유공전우회의 조직은 급속도로 확대되어 갔다. 각 광역단체에서는 지부(支部)가 결성되고 시군구 단위의 미창립지회도 속속 조직 구성을 완료하고 중앙회에 신고하여 임명장을 받아갔다. 그리하여 230여 개의 지회와 읍면동 단위의 분회도 결성되었으니 그 수가 무려 2,000여 곳에 달했다. 그 당시 막강한 파월전우조직의 하나의 실례로써 서울 성동구 지회(당시 지회장 이충)는 28개의 분회에 회원 수가 무려 1만 8천여 명에 달했던 것이다.

참고로 1989년 10월 13일 당시 서울 조직을 살펴보면 성북구 강성환 지회장, 성동구 이재우 지회장, 서초구 허영무 지회장, 서대문구 김○○ 지회장, 노원구 안승춘 지회장, 동작구 홍석원 지회장, 종로구 이창록 지회장, 강남구 배춘익 지회장, 구로구 이수영 지회장, 영등포구 김용호 지회장, 도봉구 이관선 지회장, 관악구 최종렬 지회장, 중구 최광문 준비위원장으로 되어 있다.

각 지회는 최소 수백 명에서 많게는 천 명이 넘는 지회도 있어서 매월 모이지는 못했고 그 대신 분회는 매월 모이는 곳이 많았으니 그 수가 수십 명에서 기백 명 이상이 되는 예가 많았다. 당시의 서울 회원만 10만 명이 넘었다. 그리하여 1989년 12월 당시의 조직을 보면 전국 대상 시군구 단위의 지회 252개 지역 중에서 정식으로 창립된 지회만 139개, 발기추진 중인 지회는 69개로 회원은 소재 파악 263,543명, 정식 가입자는 177,480명에 달했다. 따이한 파월유공전우회는 그 뒤로도 계속 조직이 강화되어 1991년 5월 전국 자원기동봉사대합동결단식과 9월 6일 여의도 민족의 광장 제2의 만남의 장 등 연이은 큰 행사를 개최함으로써 막강한 회세(會勢)를 과시했다.

🌿 해외(海外)조직

모든 해외 조직은 본국의 영향을 받거나 지원을 받아 조성되고 운영되는 것은 아니며 독자적으로 구성하여 활동하면서 그때그때 본국의 주류(主流) 단체와 유대를 가지고 전우 만남의 장 같은 중요한 행사가 있을 때면 참석하여 파월용사로서의 긍지를 느끼며 참석자는 현지에 돌아가 그곳에 소식을 전하고 자체의 응집력을 강화해 나가는 것이었다.

1. 미국(東部–뉴욕, 中南部–휴스턴, 西部–LA)

미국의 수도인 워싱턴과 뉴욕 등 동부에 정착하여 거주하는 우리 전우들은 일찍이 미국 참전자들의 활동에 발맞춰 서로 유대를 가지고 활동했다. 특히 뉴욕에 사는 여정엽 전우는 미국 참전용사들과 어울려 행사도 하고 고국에서 출범한 따이한회에 연락하여 깃발과 배지를 가져가는가 하면 전우신문사에 상당액수의 달러를 후원금으로 보내는 성의를 보였다.

미 동부 뉴욕주 메모리얼데이에서 여정엽 회장과 미국 참전 전우들

휴스턴 시장 리 피터 브라운이 베트남참전기념의 날. 선포장을 소피아리 여사를 통해 전달

 미국 동부지역 외에 한국 사람들이 많이 사는 LA를 둘러싸고 있는 서부와 휴스턴을 중심으로 텍사스까지 연계한 중남부로 나누어 각각 지부를 인정하여 활동하도록 하고 있다.

 특히, 휴스턴에 거주하는 최원철 중남부지부장은 고국의 전우회에 중요

미국 중남부지부 행사, 이날 행사에서는 최원철 지부장이 채명신 베참회장의 표창장을 받았다.

한 행사가 있으면 자주 참석하는 성의를 보이고 있다.

2. 캐나다

캐나다에는 수도인 퀘백에 거주하는 전우도 있지만 특히 최대 상업도시인 토론토에 많은 전우들이 있어 그 수가 무려 500 세대가 넘는다고 한다. 처음에는 이인영 전우가 지부회장을 맡아 본국에 왕래하면서 활동하다가 지금은 남상목 전우가 지부회장을 맡아 활동하고 있다.

3. 호주(濠洲)와 뉴질랜드

호주사회에서 우리 파월용사는 특별한 우대를 받고 있는데 그곳에서의 전우회 탄생도 눈여겨볼 만한 대목이다. 원래 호주는 백호주의(白濠主義)를 견지하던 나라였던 것은 우리 국민 누구나 잘 아는 사실로 미국으로 이민 가는 것보다 호주로 들어가는 것이 훨씬 어려운 곳이었는데 월남전이 종전될 무렵부터 월남에서 한국으로 돌아와야 할 전우 중에서 호주행을 한 전우들이 꽤나 되었다. 불법입국이었다.

백인이 아니면 발붙일 수 없는 그곳에서 이들은 어떻게 생존하여 뿌리를 내렸으며 그 여느 타국에서보다 우대를 받는 참전용사 베테랑으로 살아가게 되었는가?

궁금한 일이다. 그 이유는 우리 다음으로 월남에 많은 병력을 파병했던 호주 사람들이 우리 참전용사들을 '전우'로 생각하고 감싸 주었던 것이다. 말하자면 그들의 배려로 우리 파월전우들이 만리장성만큼이나 높은 백호주의 장벽의 문을 열게 했던 것이다.

그리고 또 한 가지 전우회 즉 '재호주월남참전자협회'를 탄생시킨 사람은 허석부 전우이다. 그곳 전우회 회장 임기는 1년으로 다음 회장이 된 최영환은 호주전우회를 더욱 활성화시킨 사람으로 한국에 고엽제 정보를 최초로 알게 해준 공로자이다(고엽제정보 전달문제는 고엽제 항목에서

매년 4월 25일 앤잭데이 날에는 호주에 사는 우리 전우들도 호주 전우들과 함께 시드니 거리를 퍼레이드 하며 시민들의 환호를 받는다.

상세히 다룸). 그는 파월 귀국 후 외교관이 되어 시드니 영사관의 참사로 나가 있다가 외교관을 그만 두고 호주에 남아 우육가공공장과 무역회사를 운영하는 실업가로서도 자리를 든든히 굳히고 있을 뿐 아니라 유창한 영어실력으로 호주전우회를 더 한층 활성화시켜 매년 앤잭데이 때는 호주의 참전전우들과 어깨를 나란히 하고 시드니 거리를 행진하는 명예를 누리고 있다. 보훈혜택도 그들과 다름없이 똑같이 받고 있는 것이다.

뉴질랜드는 군사행동을 전적으로 호주와 함께 한다. 6.25한국전쟁 때도 호주 뉴질랜드는 연합군을 편성하여 참전했고 월남전쟁 때도 마찬가지였다. 그곳에는 호주에서 이동해 간 전우들이 소수 거주하고 있는데 전적으로 호주전우회에 의지하는 정도라고 한다.

호주전우회의 일등공신은 시드니공사관에서 외교관으로 있다가 사업가로 변신한 최영환 전우와 사무국장으로 열심히 봉사한 한수원 전우이며 그 뒤를 이은 전우가 이윤화이다. 이윤화는 청소대행업으로 성공한 사업가인데 전우회 회장을 맡아 채명신 장군 등 중앙회 임원들을 호주까지 초청하여 현지 예비역 중진들과 밀접한 관계를 맺게 한 공로가 있으며 여느 해외 전우회보다 활발하게 움직이는 전우조직으로 자리매김을 하였다.

4. 독일

월남참전전우회는 1960년대 초 서독에 광부로 갔던 젊은이들 중에는 임기를 마친 후 귀국하지 않고 현지에 남아 결혼도 하고 일가를 이루어 터전을 잡아 사는 세대가 꽤나 많았는데 그 중에 낀 우리 전우가 생활의 안정을 얻은 다음 본국 소식 가운데 파월전우회가 결성된 것을 알고 그곳에서도 전우모임을 만들어 본국의 단체로부터 지회로 승인받아 활동하고 있는 것이다.

5. 월남참전베트남해외회

재 베트남 월참전우조직은 우리 단체의 해외 조직 중에서 가장 늦게 2015년에 출범했는데 그 활동은 여느 해외 전우회보다도 활발하다. 이는

어려운 재항군인 가족에게 생활비 전달. 왼쪽부터 백승규 회장, Chuong 회장, 오른쪽부터 정지윤 가수, 조남해 회장, 박남종 민주평통 호치민 지회장

사업가인 백승규 회장이 회장을 맡아 베트남 거주(주로 호치민시 지역) 한인사회에 지대한 영향을 미치고 있는 것과 함께 베트남의 민관군 요로에 폭넓은 교류를 하고 있기 때문이다.

백승규 회장은 한때 호치민시한인회장을 맡아 교민화합에 지대한 공헌을 한 바 있을 뿐만 아니라 베트남전 때 전쟁피해를 입은 불우가족을 돕는 일을 벌이고 있어 베트남 언론에도 여러 차례 보도될 정도여서 베트남 사회의 우리 월남참전자회에 대한 인식의 전환과 아울러 "과거를 묻고 미래를 위하여" 함께 협조하고 나아가는 관계로 발전시키는데 지대한 공헌을 하고 있다.

이에 따라 우리 베트남해외회의 행사가 있을 때면 베트남 재향군인회 간부는 물론 민관의 중요인사도 참석하여 축하해 주는 것이 관례가 되어 있을 정도라고 전해지고 있다.

재향군인 가족에게 생활비를 전달한 후 기념촬영. 왼쪽 첫번째 부회장 Hang 소장, 중앙에 Chuong 회장과 백승규 회장, 맨 오른쪽 부회장 Tho 소장

🌸 자원기동봉사대 조직과 활동

따이한회에서 가장 먼저 자원기동봉사대를 발족시킨 지회는 성북구지회(지회장 강성환)이다. 1990년에 들어 노태우 대통령은 '범죄와의 전쟁'을 선포한다. 따이한회는 참전전우 단체로서 이에 협력하는 선봉에 선다는 명분으로 자원기동봉사대를 편성하여 정부의 시책을 힘껏 돕기로 나선 것이다. 봉사대는 복장부터 정글 복에 군화를 착용하고 승합차를 이용하여 취약지역에 대한 야간순찰이나 늦게 귀가하는 학생이나 노약자 또는 여성들을 돕는 역할을 하였고 경우에 따라서 화재나 교통사고 등 기타 긴급사항이 돌발하였을 때 앞장서 봉사하였으므로 지역사회에서 많은 호평을 받게 되었다. 이에 따라 전국의 각 조직에서는 지역 지자체와 협력하여 자원기동봉사대를 조직운영하였다.

대표적인 실례로는 경상북도지부(지부장 윤정길)가 그러한 공로를 높이 평가받아 도지사의 추천으로 국가훈장까지 받은 바 있고 또 서울시 동작구지회(지회장 홍석원) 자원기동봉사대(봉사대장 홍홍완)는 때마침 정부가 범죄와의 전쟁을 선포한 시기라서 매우 활발하게 움직였는데 매일 저녁 8시 취약지역 경찰파출소에서 양측 대원들이 브리핑을 가진 다음 조별로 순찰을 돌며 늦게 귀가하는 여학생이나 부녀자들을 보호하고 주취자(酒醉者)가 노상에 있으면 조치를 취하는 등 다각적이고도 성실한 봉사로 서울지방검찰청장으로부터 표창을 받은 사례도 있다.

특히 동작구는 국립현충원이 위치한 지역으로 지역의 전우회는 각 국가경축일이나 현충일 때마다 현충로(顯忠路)를 위시한 중요도로에 태극기를 다는 작업을 하는데 특히 김영래 전우가 지회장으로 있을 때는 그 운용을 잘 하여 구청으로부터 활동수당을 받아 어려운 전우들에게 용돈을 제공하는 실리를 얻기도 하였다.

그 외의 각 지역봉사대는 고향 지킴이 봉사일꾼으로서 주민들로부터 많은 칭송을 받으며 지자체나 치안관계 국가기관장으로부터 표창을 받은 사례가 무수히 많았다.

🌿 환경봉사대

자연보호 운동을 목적으로 환경운동 법인을 만들어 활동하는 전우 그룹이 있었으니 대표적인 사례는 대전광역시를 중심으로 활동하는 전병권 (사)환경운동연합과 수도권을 근거로 하여 한강 및 그 지류(支流), 지천(支川)의 정화를 위해 활동한 이청목 전우와 (사)참전유공자환경운동본부를 설립하여 활동한 이화종 전우가 있었다.

그 외에도 경주의 도경환 환경봉사대장, 서울의 유민석 전우와 베트남 참전전우회 동대문지회(지회장 강창복, 윤상업 등) 회원들은 한강의 지천으로 오염도가 극심하여 악취가 진동하는 중랑천, 안양천, 도림천 등의 정화운동에 참여해 지금은 물고기가 노니는 청정한 내(河川)로 탈바꿈하는 데 지대한 역할을 하였다.

또 특기할 일은 2012년 5월 23일 서해안 태안 앞바다를 항해하던 삼성물산의 삼성 1호와 홍콩의 유조선이 서로 충돌하면서 엄청난 양의 원유가 쏟아져 나와 해안을 온통 기름띠로 덮었을 때 각 지역의 전우단체는 이 지역의 지자체인 진태구 태안군수가 파월 전우라는 점을 더 가슴 아파하면서 달려가 이 기름띠 제거작업에 참여해 봉사함으로써 6년이 지난 지금은 다시 그 곳에서 잡은 물고기나 해산물을 맘 놓고 먹을 수 있는 청정해로 원상 복구하는 데 크나큰 기여를 한 바도 있다.

따이한회의 체제 정비

　따이한회는 심기일전하여 조직을 새롭게 정비하고 재정의 효율적인 운영을 기하기 위해 1990년 6월 11일 따이한 중앙회 사무실을 여의도 오성빌딩을 떠나 영등포구 대림동에 있는 어수빌딩 2층 전체를 임대하여 이전하고 현판식을 가졌다. 세기를 넘어 지금의 침체된 전우회와 줄어든 회원 수에 비해 1990년 전후의 전우회 조직은 외부 지원이 전무(全無)했던 관계로 간부들이 자기 호주머니를 털어 조직을 운영해 나갔지만 전우들의 응집력은 대단했었다.

　1990년 1월 10일자 광고에 실린 경북 대구 경북 지부회의 진용을 살펴보기로 한다.

지부회장: 윤정길	부회장: 최성훈
총무부장: 이유희	홍보실장: 김인환
조직부장: 이원우	섭외부장: 김영배
체육부장: 공재하	동구지회장: 노재현
서구지회장: 박정락	남구지회장: 장상한
중구지회장: 이희성	북구지회장: 남세현
수성구지회장: 김희만	달서구지회장: 박기현
문경점촌지회장: 손창일	경주지회장: 김춘목
김천지회장: 오상두	울릉지회장: 김성수

이 얼마나 든든한 진용인가?

🌿 여의도 제2의 만남의 장

따이한회는 1990년 5월 6일 여의도 광장에서 제2의 전우만남의 장을 개최하였다. 행사장은 여의도 광장으로 지금은 나무가 우거진 공원으로 바뀌었지만 당시에는 세계 최대의 면적을 자랑하는 민족의 광장으로 전국 각지에서 파월용사들이 타고 온 관광버스만 해도 100여 대나 되고 드넓은 광장의 중앙부는 파월전우들로 꽉 메운 듯하였다.

이날 모임에는 내빈으로 손주환 의원과 송해 연예인협회장(코미디언)이 참석하였는데 오후 2시 정각이 되어 명사회자 안승춘 전우가 개회를 알리자 육군에서 지원 나온 군악대가 우렁찬 팡파르를 울리고 따이한회 초대회장을 역임한 석정원 고문이 개회선언을 하고, 뒤를 따라 의장대가 든 주월한국군사령부旗를 선두로 맹호, 청룡, 백마, 비둘기, 십자성, 은마, 백구 등 파월부대旗가 사열대 앞으로 들이오자 오색의 깃발들이 5월의 하늘에 찬란하게 반짝였다.

이어 김현진 전우작가의 시 '목소리'가 안승춘 전우와 연순복 전우가족의 낭랑한 목소리로 낭송되었고, 장영목 사무총장의 경과보고에 이어 윤필용 장군에 대한 명예회장 추대가 있었다. 이어서 김주동 서울지부 홍보부장의 '우리의 다짐' 낭독이 있은 다음 신경여상 양미정 양 외 15명에 대한 장학금 전달이 있었고 허영무 서울지부 사무총장의 결의문 낭독을 끝으로 1부 행사를 마치고, 2부에는 노래자랑, 경품 뽑기 등 즐거운 여흥이 오후 5시경까지 이어져 또 한 번의 의미 깊은 만남의 장 잔치가 벌어졌다.

여기서 필자는 좀 우스꽝스러운 에피소드를 삽입하고 싶다. 여의도 만남의 장에 얽힌 이야기다. 행사가 절정에 달했을 때 한 인사가 연단에 올라 말하기를 "월남참전을 영원히 기념하기 위한 기념공원을 300억 원을 들여 내년 말까지 완공할 것이라"고 호언하였다. 전우들 모두의 희망사항이기는 했었다. 그 기념공원은 20여 년이 넘은 지금까지도 우리들 마음 속에만 있을 뿐 그 실체(實體)를 세우지 못하고 있는 것이다.

1990년 6월 11일 따이한 중앙회는 여의도 오성빌딩을 떠나 영등포구 대림동에 있는 어수빌딩 2층 전체를 임대하여 이전하고 현판식을 가졌다. 자연히 따이한신보사도 따라오게 되었다.

여기서 비록 개인적인 문제로 사소한 일로만 생각할 수 없는 황문길 회장의 생활에 획기적인 변화가 생겼다는 것을 말하고 싶다. 여의도 시절에는 창원에서 여의도까지 비행기와 택시를 타고 출근하여 호텔에서 숙식을 하는 고비용의 생활이 너무도 딱하게 보였었는데 대림동으로 옮긴 다음에는 사무실 가까운 곳에 개인 주택을 통째로 전세 내어 가족과 함께 기거하면서 출퇴근하고 사무실에서 밤늦게까지 어떤 때는 새벽까지 고엽제 문제로 고심하고 고엽제 펀드와 법률문제의 연구(?)에 혼신의 정력을 다 쏟는 모습을 보면서 대단한 열정이라고 내심으로 감탄하였으니 말이다.

🍃 『말』誌 사건 발생

그런 와중에 『말』誌 사건이 터졌다. 말誌 사건이란 좌경언론인 『말』이라는 잡지에서 우리 파월 용사들의 명예를 추락시키는 내용의 기사를 실어 참전용사들을 분개시킨 사건을 말한다. 말誌는 1990년 7월호에 미국에서 활동하며 재미 언론인으로 알려진 김민웅이 기고한 '한국군의 월남참전 그 역사적 진실' 이라는 글이 실렸는데 그 내용이 실로 황당무계한 것이었다(김민웅은 이후에 한국으로 들어와 성공회대학의 교수로 임용되어 근무하는 것으로 알려졌음).

파월용사는 박정희 정권의 강화를 위해서 미국의 용병으로 파병된 것이며 월남에 가서는 전투보다는 나쁜 짓만 하고 거기에 더하여 전투와 무관한 양민들만 무더기로 학살했다고 폄하하고 모독한 내용이다.

이 기사를 본 전우들은 너무도 분개하여 따이한회 중앙회에 "이런 놈들을 그냥 보고만 있는 거냐? 모두 가서 때려 부수자"라는 전화가 빗발치듯이 쇄도했다. 전우회는 본격적인 대 말誌 투쟁을 결정하고 먼저 동작동 국립묘지 파월용사묘역에 가서 '말誌에 대한 철저한 응징'을 전우 영령 앞에 맹세하는 서약 결의를 하였는데, 이 행사의 사회를 맡은 당시 노원지회장 안승춘(현 참전용사 원로회의 위원)이 필자에게 이 행사에서 읽을 헌시를 하나 주었으면 좋겠다고 요구하여 〈임이어〉라는 시를 써주었다.

임이어 _남강 배정

임이어
지금도 우리는 당신을 불러봅니다
기쁜 일이 있을 때나 슬픈 일이 있을 때
억울하고 괴로운 일이 있을 때마다
전우의 이름으로 함께 모여
당신을 생각하고 그날을 회상합니다

정글과 늪지 포연으로 얼룩진 하늘 아래서
당신이 장렬하게 찢어지고 그리던 조국 하늘 향해
훨훨 날아갈 때 우리는 울었습니다.

서럽고 억울해 울었습니다.
낯선 땅 뜨거운 흙바닥에 얼굴을 묻고서
가시나무 움켜쥔 채 선혈 흐르는 주먹으로
땅을 치며 울었답니다.
그러나 우리는 당신이야말로
이 나라의 영웅으로 찬란한 별로
고국의 하늘에서 빛날 줄 알았기에
또 다시 민족의 역사와 영광을 위해
정글을 달릴 수 있었습니다.
당신의 피와 우리의 땀 그리고
사랑하는 부모형제 처자의 눈물은
민족의 피가 되고 조국 땅에 거름이 되어
자랑스러운 오늘이 있게 했습니다.

그러나 전우들이어
장렬하게 먼저 가신 영령들이시어
이것이 웬 말입니까?
지금은 당신과 우리 힘 모아 세운 금자탑에
돌을 던지고 망치질을 하는 세상이 되었습니다.
숨 막히는 더위 속에서 온갖 독충과
베트콩의 총탄과 B-40의 폭풍을 무릅쓰며
뼈아프게 스며오는 고국에의 향수와 그리움을 삼키며
상승무적으로 용맹을 떨치던
우리들의 투쟁과 나라 위한 충성이─헌신이
정녕 헛된 것이었습니까?

당신은 무엇을 위해 피를 흘렸습니까?
사랑하는 임이어 임이시어!
창자를 에이는 아픔과 슬픔 속에서도
세월은 흘렀습니다. 긴긴 세월
당신의 어버이 가슴에 흐르는 눈물의 강은
이제 모래와 자갈만이 딩구는
앙상한 바닥으로 마르고
사립문에 기대어
남녘 하늘 허공을 응시하던 눈망울은
초점을 잃어 그 모습마저 잊어버렸습니다.
또 당신의 아내는
임이 남기신 생명의 씨앗을 안고
몸부림치고 거리를 헤매며
모진 목숨 위해 허덕이던 세월이
어언간 20여 년의 세월이 흘렀습니다.
당신의 사진첩에 얼굴을 묻고
7천여 일을 몸부림치는 사이에
이제 머리칼은 하얗게 시어버리고
주름투성이의 얼굴인 채
젊디젊은 당신의 얼굴을 다시 봅니다.

당신의 자랑스러운 아들딸들은
성년으로 자라 당신의 뒤를 이었습니다.
당신의 밑거름으로 나라도 부강해졌습니다.

그러나 세태는 바뀌어 당신의 영광에 먹칠을 하고

당신의 아들딸 가슴에조차 못질을 하려 합니다.
우리들 어버이 가슴에도 망치를 들고
달려드는 무리가 있습니다.
당신은 어찌 하시렵니까?
사랑하는 당신이어! 사랑하는 임이시어!
우리는 당신의 안식을 위해 기도합니다.
그러나 지금은 기도만으로는 아니 될 때입니다.
이미 피멍으로 얼룩진 가슴
몸부림으로 일그러진 상처투성이지만
당신의 명예와 안식을 위해
일어나서 싸우겠습니다.
이 목숨 다할 때까지 싸우겠습니다.
이것만이 당신을 위해 마지막 바칠 수 있는
우리들의 사랑입니다.

1990년 8월

- 남강시문집《나는 누구인가?》124쪽 참조

그 때 말誌 기사를 직접 보거나 중앙회의 사건 통보를 받은 전우들은 너무도 분개하여 중앙회의 강력한 대응을 촉구하였다.

이에 중앙회는 '파월용사명예회복 투쟁궐기대회'를 열기로 결정하고 총지휘에는 석정원, 이청목을 진행에는 최민종, 상여지휘는 이기영, 안전담당에 강성환 외 각 지역 자원기동봉사대장들이 맡기로 하고 각 지부 지회에 소집명령을 하달하여 7월 25일 오전 보라매공원 축구장에서 '파월용사명예회복 궐기대회'를 열었는데 맨 처음 석정원 고문이 투쟁본부장으로서 대회사를 한 다음 대통령에게 보내는 메시지 낭독은 이청목 특전대회장이, 국회의장에게 보내는 메시지는 유양배 상이용사회 십자성마을 회장이, 국민에게 드리는 호소문은 이강선 경기도 지부장이, 결의문은 김문구 서울지부장이 낭독하고, 이어 삭발결의식이 있은 다음 이기영 강동지회장이 우리의 결의를 낭독하고 파월전몰 5천 영령 위패입관식이 있은 뒤 안승춘 사회자(노원지회장)가 필자가 지은 헌시 『임이여』를 구슬프게 낭송한 다음, 최민종 중앙회 운영국장이 침묵시위를 위한 투쟁지침 선언을 낭독하였다.

그리고 난 후 전 인원은 서울역 광장으로 이동하여 거기서 5천 영령의 명단을 넣은 상여를 앞세우고 시위행진을 한 다음 석정원 고문, 강성환 성북지회장, 민영식 김포지회장 등 7명이 삭발을 하고 손가락을 잘라 피를 내 혈서를 쓰고 소복을 입은 유가족 등 여성회원들이 혈서를 한 이들의 손에서 흐르는 피를 닦아주고 상처를 동여 주는 등 눈물겨운 장면을 볼 수 있었다.

이어서 오후에는 마포구 공덕동에 있는 말誌 사무실에 가서 최장학 사장을 만나 담판을 벌렸다. 우리의 요구는 이러했다. '그러한 기사 내용은 잘못된 것이며 진심으로 사과한다'라는 내용의 5단 광고문을 중앙지 일간신문에 게재하라는 요구를 하고 잘못을 시인하는 각서를 받았다(그는 나중에 강요에 의해 각서를 썼다고 언론에 인터뷰했다). 시위 중 특히 대구에서 올라온 상이용사 김희만 전우는 자신의 의족을 빼서 탁자 위에 올려놓고 "당신이 이렇게 우리를 모욕했으니 내 다리 값과 명예훼손에 대한 보상을 하라. 어떻게 할 것인가?"라며 을러대자 말誌 최장학 사장은 얼굴이 하얗게 질려 얼버무리다가 잠깐 사이에 화장실에 가는 척하고는 도망처 행방을 알 수 없게 되었다.

그날은 이 정도로 철수하고 다음날부터는 각 지역별로 조를 짜고 기동봉사대(봉사대장 이청목)과 덩치가 유달리 큰 홍석원 동작구지회장 그리고 뚱뚱이로 정평이 나있던 강성환 강북구지회장은 앞장서 활동하였고 전우들은 조를 짜서 번갈아가면서 아침 10시부터 말誌 사무실을 에워싸고 오후 늦게까지 왼 종일 시위를 지속하니 나중에는 말誌 사원들도 모두 어디로 갔는지 종적 모르게 피신을 하였고 이러한 상황은 한 달 동안 계속되었다.

처음 말誌 사무실에 들어선 전우들은 자기의 눈을 의심하였으니 벽면에는 김일성의 사진이 번듯이 붙여져 있고 그 밑에는 대한민국 대통령인 노태우의 모습을 희화한 만화가 그려져 있는 것을 보고 아연실색하였다. 아니 의도적으로 한 짓이라고 볼 때 그자들은 분명히 대한민국에 반하는 역도들임에 틀림없다는 생각을 하지 않을 수 없었던 것이다.

자랑스러워야 할 우리 국가유공자 파월용사들이 이따위 한심한 반국가 분자들의 농락대상이 되었다는 점에 대하여 더욱 분개하며 "이런 자들이 대한민국 국민이 맞는 거여?" 하면서 더욱 분개하였던 것이다.

한편 따이한신보사는 말誌를 규탄함과 아울러 파월용사들의 애국심을 알리는 글을 게재한 타블로이드판 호외를 30만 부씩 두 번을 찍어 전국 각지의 주요 도시 요소요소에 뿌렸다.

한국일보 기사 요지— "따이한 회원 300여 명은 좌경척결 및 파월용사명예회복 총궐기대회라는 제목으로 궐기대회를 열고 국민을 이간하고 국론을 분열시키는 좌경언론은 반드시 척결해야 한다는 따이한신보 30만 부를 배포했다" 라고 간략하게 보도했다.

그런데 유독 한겨레신문은 말誌를 두둔하는 기사를 다각적으로 취재 또는 각색하여 연일 넓은 지면을 할애하여 보도했던 것이다. 얼마 후 동 신문은 월남에서의 양민학살설을 퍼트리게 되는데 이는 말誌와 일맥상통하는 음모가 아닌가 생각되는 것이다.

말誌의 왜곡된 기사와 이를 논박하는 따이한신보의 호외에 대한 반응이 흥미롭다. 대림동에 위치한 중앙회 및 전우신문사에는 불순 언론의 못된 행태를 규탄하며 전우들의 대 말誌 투쟁에 대하여 격려하는 전화가 수백 통씩 쇄도했다.

그리고 미처 전우활동을 모르던 파월용사는 이 기회에 회원으로 가입하 겠다며 방문하기도 했다.

이러한 와중에 한편으로는 권영길 언론노조위원장과 이근성 기자협회 장은 최장학 말誌 사장과 함께 내무부를 방문하여 말誌에 대한 폭력사태 를 항의하면서 "백주에 언론사에 대한 폭행 폭언이 계속되고 있는데도 치 안당국은 수수방관하고 있다"고 강력히 항의했다(한겨레신문 1990. 8. 5 일자 18면, 한국일보 동일자 사회면 참고). 가재는 게 편이라든가? 이 때 말誌 투쟁을 격려하는 성금도 답지했는데 익명으로 1백만 원을 보내준 독 지가 2명을 위시하여 박이성 월우주택 대표가 30만 원을 비롯하여 조남해 (성남), 정호상(부천), 박영균(대전), 황두웅(인천), 홍정만(인천), 박영옥 (전북) 등이 성금을 냈다.

한편 전우들은 서울역 광장에서 5천 영령의 명단을 실은 상여를 앞세우 고 시위를 벌이는가 하면 중앙회 석정원 고문을 위시하여 민영식 김포지 회장 등 10여 명은 삭발과 혈서로 투쟁 결의를 강력히 표현하였고 전우 미 망인들은 소복을 입고 나와 소복시위를 벌이기도 하였던 것이다. 이렇듯 격렬한 전우들의 말誌에 대한 투쟁에 대하여 한겨레21. 9월호(143쪽)에는 날짜별 일지를 상세하게 보도하였다.

이렇게 시위가 계속되자 관내 마포경찰서에서는 "여러분들의 입장은 충분히 반영되었으며 경찰은 말誌에 대하여 철저히 조사하여 의법 조치 하겠으니 시위를 그만 종료해 주기 바란다"는 간곡한 부탁으로 시위를 중 지했던 것이다.

이 말誌 사건에 대하여는 호주의 재호주월남참전한인회(회장 최영환, 총무 한수원)는 9월 10일자로 『호주소식』이라는 회보를 통하여 말誌의 책 동에 대하여 신랄하게 통박하는 특집기사를 여러 면에 걸쳐 게재하여 뉴 질랜드에 거주하는 전우들에게도 이 소식지를 배포하는 열의를 보였다.

🍃 고엽제(枯葉劑) 문제의 대두

파월전우들이 고엽제라는 아주 고약한 질병을 앓고 있다는 사실을 발견하는 데는 당시로서는 유일한 전우언론인 따이한신보의 역할이 매우 컸다고 회상한다. 그 당시 따이한신보사의 여러 기자 중 가장 활동이 민활했던 박종화 기자(현 전우뉴스社 대표)와 선병관 기자는 밖으로 취재를 나갔다 돌아오면 "오늘 이상한 병을 앓고 있는 파월용사를 보았다." "사정이 참으로 딱하더라"는 등 저네들끼리 그런 말을 많이 했다.

그게 1991년 후반기의 일인데 필자도 그 젊은 기자들의 대화에 끼어들어 "앞으로 취재 나가는 기자는 그러한 사례를 보면 특별한 관심을 가지고 자세히 취재를 해 오기 바란다"고 단단히 일러두었다. 그런지 얼마 되지 않아 선병관 기자가 충청남도 공주에 사는 이일희라는 참전용사에 대한 사연을 취재해 왔다. 고엽제에 관한 전우언론의 기사로는 최초의 보도이다. 나는 아래와 같이 캡션을 붙여 OK를 내주었다.

"이일희 전우 온몸이 굳어가고 있다."
原因不明—제초제 영향 憂慮
이정식 전우의 고통에 대하여
〈본문 기사는 생략〉

그때까지만 해도 우리나라에서는 고엽제라는 용어는 알지 못했고 쓰지도 않았다. 그래서 우리는 제초제라고 한 것이다.

그리고 그 1주일 뒤 전신마비 환자인 이정식 용사의 기사를 11월 13일자 신문에 게재했다. 그리고 12월 18일자 신문에 평택에 사는 전신마비 환자 이우행 전우의 기사를 싣고 해가 바뀌어 1992년 1월 15일자로 에이전트

일반 신문으로서는 최초로 경향신문 박래용 기자가
보도한 특종기사(1992. 2. 13)

오렌지의 정체와 가공성이라는 제목
으로 특집을 꾸며 게재했다. 그러나 전
우언론의 영향은 너무도 미약했음인
지 아무런 일반사회의 반응은 없었다.

한 달 뒤 파월유공전우회에 경향신
문의 박래용 기자(현 사회부장)가 어
디서 소스를 얻었는지 찾아와 에이전
트 오렌지의 피해에 대한 취재를 요청
했다. 그의 취재내용은 2월 13일자로
사회면 톱으로 보도되었다. 경향신문
의 기사는 크나큰 파장을 일으켰다.

고엽제(枯葉劑)라는 용어는 일찍이
일본의 학자나 환경운동가들이 사용
해 왔었고 우리나라에서는 서울대학
교의 전경수 인류학 교수가 잡지 『사
회와 사상』1989년 7월호에 '월남전
화학무기, 황색고엽제의 후유증' 이라
는 제목으로 기고한 보고서에서 사용
한 바 있었는데 그 기사는 당시로서는
사회적인 반향(反響)을 일으키지 못하
여 사람들의 무관심 속에 그냥 넘어가
고 말았던 것 같다.

우리는 나중에야 알게 되었고 고엽
제 문제가 사회문제로 표면화 된 뒤에
야 전경수 교수의 세미나에 참석하여
전기와 같은 기고 내용을 알게 되었다.

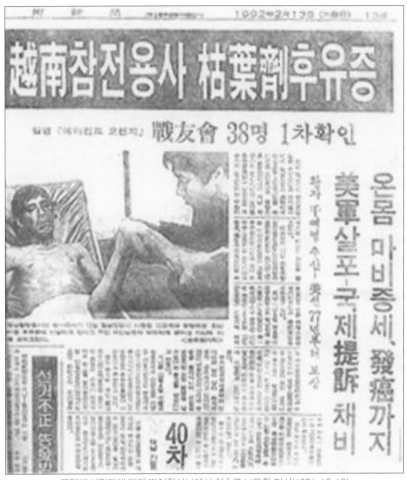

고엽제 사망자에 대해 따이한신보에서 최초로 보도한 기사(1991. 12. 18)

여하튼 박래용 기자가 그 '고엽제'라는 용어를 사용해 보도함으로써 우리 사회에 널리 보편화되어 사용하게 됐다고 보는 것이다.

하여간 중앙지 중에서도 영향력이 약한 신문에서 특종을 뽑아내자 각 언론사는 불이 붙어 취재경쟁이 벌어졌다. 그로부터 파월유공 중앙회에는 조선, 동아, 한국일보는 말할 것 없고 일본의 NHK, 아사히신문 그리고 미국의 ABC 방송까지 덤벼들었다. 잡지사도 국내는 물론 일본 미국에서

좌측은 미군 사진자료, 右측은 일본의 환경운동가 나카무라 고로(中村 梧郞) 교수가 촬영한 사진임

발간되는 유력지들이 다투어 보도특집을 냈는데 파월용사로서 서예가인 강주관 전우는 온몸이 심한 피부병으로 빨갛게 물들어 있어 국내외 사진 기자들의 아주 좋은 모델(?)이 되어 시달렸다. 그 무렵 고엽제로 시달리는 전우들의 안타까운 모습을 보면서 쓴 필자의 시 한 편을 소개한다.

병든 전우―용사여_난간 배정

우리는 생과 사를 함께한 전우다
원인도 모르는 병에 시달리고 있는
불행한 전우 용사여
내 어찌 모르겠느냐 너의 아픔을
전우야! 네 모습이 지금
아무리 볼품없고 초라해도

너에게는 빛나는 과거가 있다.
멋쟁이 따이한
주먹을 불끈 쥐면
월남마을 조무래기들이 놀라 도망치고

꽁까이는 미소를 보냈었지
우리가 눈을 부릅뜨면
VC들은 혼비백산 정글 속으로 숨기 바빴어

전우야 너는 진정
대한의 용사요
애국자이며 영웅이었어!

1993. 6. 30.

　미군은 1961년부터 1971년까지 10년간 월남의 정글을 제거하기 위해 고성능의 제초능력이 있는 에이전트 오렌지액(液)을 중부월남 일대에 살포했는데 그 액체 중에는 다이옥신(24D)이라는 살인적인 독극물이 함유돼 있어 당시 월남에 뿌려진 독성의 양으로도 지구 인구를 모두 죽이고도 남는다고 하였다.

　이 독성 정글제거용 액체는 제2차 대전 시 남태평양 일대 도서의 정글을 청소하기 위해 제조된 것인데 2차 대전이 예상외로 빨리 종전됨으로써 제조회사들이 그대로 보유하고 있던 것으로 월남전에 사용된 것이다.

　당시 월남전선에 파병되어 있던 한국군은 물론 미군을 비롯한 연합군의 지위 고하를 막론하고 아무도 그 독성을 알지 못한 것으로 여겨지는데 이는 액체와 분말로 되어 부대주변의 제초용으로 보급된 그 독성물질을 한국군 장병들은 밀가루 정도로 아무런 경계심이나 주의성(注意性) 없이 함부로 마구 다룸으로써 그 독성을 고스란히 흡수했던 것이다.

　그 결과 엄청난 수의 고엽제 환자가 발생하게 된 것이다. 주월한국군사령관이었던 채명신 장군께서도 "나도 실은 고엽제 환자야!"라는 말을 할 정도였으니 말이다.

🌱 전우회 두 간부의 죽음

▶ 이충성 성남지회장의 성대한 장례식

성남시민들 "누구의 장례인데 이렇게 거창하담" 1989년 가을 성남지회장으로 활동하고 있던 이충성 전우가 심장마비로 의심되는 증상으로 갑자기 별세했다. 그는 며칠 전 중앙회 회의에도 참석했는데 별세했다는 소식을 전해 왔다.

그 때만 해도 전우들이 쌩쌩할 때라서 전우가 사망하는 일이 보통일이 아니었다. 1년 전 성동구지회장을 하다가 사망한 이재우 전우 다음으로 두 번째의 불행이었다. 이재우 전우 사망 시는 개인 가족장으로 성동구지회에서 조촐하게 장례를 치렀지만 이번 이충성 지회장의 경우는 때마침 고엽제 문제도 있어서 조직국에서 진두에 서서 간부들에게 총동원령(?)을 내려 복지국과 협력하여 성남시에 있는 장례식장을 철야로 지키니 그곳에는 수백 명의 파월용사들이 연달아 모여 들어 들끓었다.

그렇게 되니 지역의 유지들도, 특히 선출직 공직자들은 저마다 전우들에게 얼굴도장을 찍으려고 밤낮을 불구하고 문상을 하거나 밤샘까지 하는 독지가도 눈에 띄었다. 3일째 발인 날에는 수십 대의 차량에 검은 색으로 된 조기를 달고 시내거리를 돌아 화장장으로 향해 달리니 기나긴 차량 행렬이 시민들의 구경거리가 되었다.

거리에 나와 이 장례행렬을 본 성남시민들은 "누구의 장례인데 이렇게 거창하담" 하면서 수군댔다. 이로 인해 전우들 간에는 보다 끈끈한 전우애가 형성되고 조직에 대한 신뢰도가 더욱 높아졌다.

▶ 박동근 지회장의 쓸쓸한 장례식

필자는 또 하나의 불행한 죽음에 대하여 쓰지 않을 수 없다. 고엽제 5급의 판정을 받고 살아가던 박동근 전우, 그는 대한해외참전전우회 강서구 지회장을 맡고 있는 전우였다. 1998년쯤으로 기억되는데 그가 저세상으로 간 날 저녁 필자와 최동식 전우는 영등포역 앞 역전다방에서 차를 마시며 환담을 나누고 있는데 집에서 삐삐가 왔다.

필자는 무심코 "집에서 오는 삐삐는 좋지 않은 일인데…" 하며 다방 공중전화로 집에 전화를 걸었더니 집사람이 하는 말인즉 "관악경찰서에서 연락이 왔는데 박동근 씨가 죽었대요. 그분 연락처가 없고 사망자 수첩에 당신 전화번호가 적힌 것을 보고 연락하는 거래요."

최동식 전우와 필자는 부랴부랴 낙성대 부근의 관악경찰서에 가니 시신은 최초 발견한 경찰관에 의해 한독병원 영안실에 안치되어 있고 수사과에서는 사망자의 유류품을 조사하는 한편 박 전우의 가족에 연락을 취하려고 애를 쓰고 있는 것이었다.

필자가 박동근 전우의 사망에 대하여 또 쓰고 있는 이유는 전기 따이한 지회장 이충성 전우의 사망 때와 해외참전 박동근 지회장의 사망 때 전우회 중앙의 반응과 대처가 너무도 천양지판으로 상반되었고 이로 인한 전우회의 행로에 어떠한 영향을 끼치게 되었는가를 보여줌으로써 하나의 단체운영에 중요한 교훈을 삼고자 함이다.

당시의 해외참전전우회(중앙회)는 높은 분들이 많아서 간부들은 그분들에 대하여 아부하기에 정신을 쏟았을 뿐 일반 전우의 죽음 같은 일에는 하찮게 여겨 전혀 신경을 쓰지 않는 것으로 여겨졌다. 필자와 최동식 전우는 알려야 될 만한 전우들에게 연락을 취하고 얼마가 지나자 제일 먼저 동작동에 사는 김정식 전우가 헐레벌떡 관악경찰서로 달려왔다. 그리고는 우리를 향해 박동근이 안치되어 있는 한독병원 영안실로 가서 이동을 거절하는 병원 측에 우격다짐을 하여 당시 이복규 서울시회장이 운영하고 있던 동화성모병원 영안실로 옮기게 하였다.

이복규 서울시회장은 최소한의 실비로 장례를 치르도록 배려했고 박 전우가 현충원에 들어가지 못할 조건이기에 밤을 새가며 장지를 찾은 결과 가까스로 용인의 천주교공원묘지에 자리를 얻어 장례를 치르게 되었던 것이다. 참으로 어렵고 서러운 장례였다. 필자는 평소 참전 당시 이세호 주월사령관의 당번병을 했던 박동근 전우를 남달리 친근하게 생각했는데 이렇게 돌연한 죽음을 맞게 된 데다 당시 그의 가정 사정이나 전우회의 무관심 등으로 너무나 서글프게 보내야 하는 상황에 슬픔을 가누기 어려웠다.

이런 와중에 이복규 전우의 후덕한 배려와 김정식 전우의 전우애가 두고두고 잊혀지지 않는다. 김정식의 얘기가 나왔으니까 말인데 그는 사실 성격상 고약한 일면도 있어서 그로 인해 괴롭힘을 당하거나 심지어 골탕을 먹은 전우도 많았을 뿐 아니라 박 전우를 무척이나 미워했었는데 막상 그가 죽었다고 하니까 발 벗고 나서 그 가족을 돕는 것을 보고 필자는 내심으로 매우 놀랐던 것이다. 아마 이 때는 그의 내면 한 구석에 담겨있는 의협심이 밖으로 솟구쳐 나온 것이 아닐까 생각된다.

반면에 전우회 중앙회의 간부는 단 한 사람의 코빼기도 안 보여 괘씸한 생각이 들었다. 그런 족속이 사령관과 박세직 같은 유명인사의 앞을 가로막고 있으니~ 그 원망과 비난은 오롯이 박세직 회장한테 돌아갔던 것이다.

필자는 그로부터 고엽제로 시달리는 많은 전우들의 고통스러워하는 모습을 보았으며 그 가장(家長)의 질병으로 인한 가난과 이어지는 가정파탄 등 전우들의 불행을 수없이 목도할 수 있었다.

그래서 〈나는 문둥이가 아닙니다〉〈고엽제 과부〉〈나는 누구인가〉라는 독백의 시 등을 썼다. 그 중에서도 〈나는 누구인가〉는 박세직 해외참전 회장이 국회의원으로 있으면서 의원총회에서 고엽제 전우의 실상을 가장 적나라하게 표현한 시라면서 의원들 앞에서 발표하여 국회 의사록(議事錄)에 수록되기도 했다.

🍃 에이전트 오렌지 펀드(Agent Orange Fund)

『에이전트 오렌지 펀드』란 미국에서 고엽제 피해자들에 대하여 도움을 주기 위해 제조회사들로부터 모금한 돈(2억 4천만 달러)로 만든 기금(基金)을 말하는데 1970년대 후반부터 미국 호주 등 월남참전 국가들은 각각 할당을 받아 운용하였는데 한국은 그 정보를 접하지도 못한 채 소식조차 모르고 있었다. 이러한 기금이 있다는 정보를 우리에게 전해 준 사람은 호주에 사는 최영환 전우였다.

1991년 1월 사업관계로 한국에 온 재호주한인월남참전자회(이하 호주 전우회장) 최영환 회장이 필자와 만났을 때 오렌지 펀드에 대한 이야기를 처음으로 꺼냈다.

"지금 호주에는 미국으로부터 500만 달러를 받아 오렌지 기금(Orange Fund)을 만들어 월남참전용사들에게 온갖 혜택을 다 주고 있는데 한국은 여단병력을 보낸 호주보다 10배의 병력을 파견했으니 적어도 4~5천만 달러는 무난히 받았을 것으로 생각한다"고 하면서 "한국은 지금 어떻게 하고 있느냐?"고 물었다.

최영환 호주 회장이 필자의 친구 정운흥 사장 앞으로 보낸 오렌지 펀드에 관한 서류의 표지, 정운흥 사장은 비파월자이나 뉴욕의 추영천 목사(파월)가 한국에 올 때마다 그의 집에서 머무는 관계로 추 목사에게 전해 달라며 그의 앞으로 보낸 것이다.

이렇게 해서 대화를 풀어나가는 과정을 통하여 Agent Orange Fund 자료를 그로부터 받게 되었는데 그 과정은 본인의 저서《나는 누구인가?》에 상세히 수록되어 있으며 본 저서의 취지에는 거리가 있음으로 생략하고 그가 보내준 자료를 근거로 파월유공전우회는 고엽제 연구에 몰두하게 되었고 보훈처 처장을 만나 자세한 이야기를 듣고자 인터뷰를 요청하게 되었다.

이상연 보훈처장 인터뷰
- 고엽제 문제 심도 있는 논의

　　1992년 4월 황문길 따이한신보 회장(파월유공전우회장)은 따이한신보 편집국장이었던 필자와 함께 이상연 국가보훈처장을 인터뷰하였다. 황문길 회장은 이 처장에게 파월유공 중앙회 복지국으로 전화를 걸어오는 고엽제 환자들의 실상과 신문사 기자들이 취재해 오는 고엽제 가족들의 참담한 실상에 대해 자세히 설명하고 정부차원에서의 대책이 절실하다고 하소연했다.

　　이상연 처장은 대위시절 월남전에 참전한 전우이기에 더욱 고엽제 문제에 대해 관심이 가는지 안타까워 하며 우리 일행과 진지하게 장시간 대화를 나누었고 나중에는 인터뷰 중간에 장귀혁 제대군인 지원국장을 불러 배석시키고 필요한 사항을 기록하라고까지 지시하는 성의를 보였다.

　　그런지 한 달쯤 뒤에 이상연 처장이 우리를 만나자고 연락해서 여의도 광복회관의 보훈처로 갔더니 처장실에는 장귀혁 국장과 고엽제 문제에 관련된 과장 및 사무관 등 해당부처 직원 3~4명이 배석해 있었고 미국에서 가져온 고엽제에 관한 자료를 잔뜩 싸놓고 대기하고 있었다. 그동안 장귀혁 국장 이하 수명의 직원이 미국으로 건너가 미국 제대군인부처를 비롯하여 관계기관 및 참전예비역 환자들에 관한 사례와 실상을 가능한 범위에서 많은 자료를 수집하여 왔다는 것이다. 거기에는 Orange Fund와 고엽제를 연구한 젠킨스 박사의 학술보고서인 젠킨스 보고서까지 포함되어 있었다.

이상연 처장은 장 국장을 비롯한 우리 직원들이 많은 자료를 수집해 왔으니 이를 충분히 검토하여 우리 실정에 부합하는 지원법률을 만들 계획이라고 말하며 부디 고엽제 환자나 그 가족들을 잘 보살펴주기 바란다고 부탁까지 하였다. 그 뒤 고엽제에 관한 법 제정 관련사항에 대하여는 본서의 취지에는 거리가 있으므로 생략하기로 한다. 다만 이 때 보훈처장을 만난 것이 계기가 되어 고엽제에 관한 법률이 제정된 것은 움직일 수 없는 사실이다.

파월유공전우회 조직의 재정비 노력
– 불가항력적인 재정의 궁핍

따이한회는 1990년 11월 10일자로 파월유공전우회로 공보처에 등록하고 회명을 바꾼다. 이는 회의 명칭에 유공(有功)이라는 단어를 넣음으로써 조직의 위상을 높이고자 한 것인데 지금까지 단체이름에 유공이라는 단어를 쓴 경우는 이것이 처음이다. 회 명칭을 바꾼 파월유공의 조직은 더욱 힘차게 뻗어나갔다.

자원기동봉사대의 합동발대식을 비롯하여 제2전우만남의 장 개최, 그리고 새마을연예인단과의 자매결연, 합동체육대회 개최 등 눈부신 활약과 발전이 계속되었다. 파월유공전우회는 그 무렵 이후 1년여 간 그 세력이 최고조에 이른다.

이 무렵 따이한회는 여의도 오성빌딩 7층을 통째로 사용하였고 회원 수 20만 명, 서울시 지부만 해도 10여만 회원으로 지부 사무실도 번듯하게 차려놓고 사무총장 이하 각부서 참모들을 구성하여 거느리며 위풍당당 활약이 대단했다. 이러한 모양새는 외부의 재정적 지원이 없는 상황에서 이뤄지는 것으로 필자는 내심으로 회장을 비롯하여 예하 조직의 책임자들의 노력이 대단하다 여기면서도 '이런 상태를 얼마나 오래 지탱할 것인가' 하고 걱정을 하였다.

한편 때마침 불어온 고엽제 바람은 매우 불행한 일이면서도 사회의 관심과 동정이 쏠리고 조직에는 활력이 되었다. 특히 국가보훈처와는 자주 왕래하며 관계가 돈독해졌다.

그런데 나중에 일게 된 일이지만 파월유공의 회세(會勢)는 겉으로 보기는 이렇듯 날로 발전하는 듯이 보였지만 사실 그 때 내부적으로는 재정의 어려움이 한계에 이르고 있었다.

당시 도하의 신문들은 연일 연속 사설을 통하여 '정부차원에서 고엽제 대책을 서두르라' 고 채근할 정도로 사회의 관심이 집중되는 와중에 단체 중앙회의 파행이라는 이율배반적인 상황이 벌어지고 있었던 것이다.

필자가 우려한 대로 무리한 회세 불리기와 특히 재정문제에서 불합리한 운영은 허장성세일 뿐 결국 스스로 망조의 길을 걷게 된 것이니 재정문제에 있어서 들어오는 돈은 없는데 물 쓰듯 하는 낭비는 단체의 재정을 빈 강정으로 만들어 대림동 사무실조차 지탱하지 못하게 되고 결국에는 건물 주인으로부터 쫓겨나게 된 것이다. 그런 와중에서 가장 안타까운 것은 말단 사무직원과 기자들에게 월급조차 제대로 지급하지 못하고 뿔뿔이 흩어지게 한 것이다.

🌿 대한해외참전전우회 탄생
- 판도 바꿔지는 전우조직

전우조직은 전술한 바 있듯이 따이한회와 월남참전전우회로 양분된 상태에 있는 가운데 양 진영의 몇몇 간부들은 '전우들끼리 이래서는 안 되겠다'며 양자 통합운동을 벌이는 가운데 월전 유영송 회장과 파월유공 측 김도영 부회장은 같은 영관 출신으로 의기 상통하는 바 있어 대화가 잘 되는 상황이었고 특히 유영송 회장과 고향이 같은 북청 출신의 월전 최동식 이사(현 원로회의 운영위원)는 통합문제에 한해서는 유 회장의 메신저 역할을 하였는데 필자와 최동식 전우는 일찍부터 홍영욱, 임동후(시인) 등 전우 등이 어울리는 사이로 파월유공 쪽에 다리를 놓아 황문길 회장과의 대화의 길을 터 주었던 것이다.

그 당시 유영송 월전 회장은 "나는 언제든지 통합만 된다면 회장직을 내놓아도 좋다. 황문길 회장을 밀어주겠다"며 적극적으로 나왔다. 당시 파월유공 측에서는 단체통합문제에 큰 영향을 미칠 중요한 내부의 인사의 태도에 대해 언급한다면, 석정원 고문은 통합에 부정적인 자세로 반대하는 입장이었고, 장영목 사무총장은 찬반이 불분명한 소극적 자세를 취하고 있었다. 여하간 도하의 전우들은 "단체의 발전은 물론 전우들의 권익을 도모하기 위해서는 단체가 분열된 상태로는 아무것도 안 된다" "무조건 통합되어 힘차게 나가야 된다"는 공감대가 이루어져 있었고 그래서 중견간부들이 끈질기게 노력을 경주했음에도 불구하고 통합은 끝내 성사되지 못했다.

결국 유영송 회장은 채명신 사령관을 찾아가 "전우들이 양분되어 다투기만 하니 이제는 사령관님께서 직접 나오셔서 전우들의 마음을 하나로 뭉치게 해 주십시오"라고 간청하여 "전우들이어 만납시다"라는 메모(그

1991년 10월 24일 육군회관에서 월남참전전우들의 제 단체 통합을 위해 모인 자리 단상에서 나트랑
작전사령관을 역임한 진종채 장군이 축사를 하고 왼편에 채명신 사령관 오른편에 박세직 장군이 서
서 경청하고 있다.

메모는 당시 월전 사무총장이던 남우성 전우가 소장하고 있는 것으로 안
다)를 받기에 이르렀다. 이에 월전 간부들이 주축이 되어 '하나로 뭉친 전
우회'를 모토로 새로운 조직의 구성에 들어갔다.

드디어 1991년 10월 24일 용산구에 있는 육군회관 대강당에서는 300여
명의 전국 대의원들이 모여 채명신 주월한국군 초대 사령관을 새 단체의
회장으로 추대하였다. 채명신 회장은 새로운 조직의 명칭을 '대한해외참
전전우회(약칭 해참)'로 제안하여 대의원들의 만장일치 승인을 받았으며
이에 월남참전전우회는 자동으로 해산과 동시에 새 단체에 흡수되었다.
동시에 유영송 회장은 해외참전의 감사로 선임되고 남우성 사무총장 등
간부는 해외참전의 국장이나 이사로 들어갔다.

그런데 이 행사장에서는 예상외의 사태가 벌어졌으니 만장일치로 회장
에 추대된 채명신 사령관이 단상에 올라 취임인사를 하는가 싶더니 "나는
나이도 많고 하니 나보다 연부역강(年富力强)하고 능력이 뛰어난 전우, 여

러분도 잘 아는 이 사람을 회장으로 앞에 세우고 나는 뒤에서 적극적으로 밀고 나가는 체제로 하면 훨씬 모양새도 좋고 일도 능률적일 것이니 여러분들은 나의 뜻에 따라주기 바란다"고 하면서 좌중에 있던 박세직 장군을 불러 단상으로 오르게 하였다.

이에 만좌는 아무런 이의가 없이 열렬한 박수로 화답하여 박 장군을 환영하였다. 이리하여 88올림픽조직위원장으로 세계적인 명성을 얻고 있는 박세직 장군이 대한해외참전전우회의 새로운 회장으로 선임된 것이다. 박세직 체제의 참모진영을 살펴보면 사무총장 격인 운영위원장으로는 파월 맹호부대의 중대장 출신인 민병선 장군(예 소장)이 선임되고, 기타 참모로는 따이한회의 석정원 고문과 장영목 사무총장이 그곳을 떠나 해외참전으로 옮겨와 운영국장, 조직국장 등을 맡고 민 장군에 의해 선발된 허신 전우가 총무국장을 맡았으니 이들은 모두 예비역 영관 장교들이었다. 그리고 특전부대 출신인 이청목(예 상사)이 기동봉사대장을 맡아 강력한 리더십의 박세직 체제가 완성된 것이다.

대한해외참전전우회는 종로구 원남동에 있는 기독교여성회관에 사무실을 정하고 본격적인 조직 확대에 들어갔으니, 이로부터 파월유공전우회를 탈퇴하여 해외참전으로 간판을 바꿨다는 지방조직이 서울특별시를 비롯하여 전국으로 확산되어 나갔다. 이 때 상황을 잠시 살펴보면 4.30 만남의 장의 대회장을 맡았던 유봉길 양천지회장이 서울시 지부회장을 맡았고 이에 따라 바람에 갈대가 쓰러지듯 서울시 22개(당시는 분구가 되지 않아) 중 거의 전부가 해외참전으로 넘어갔고 지방의 조직도 이와 흡사한 현상으로 대부분이 장마에 폭풍을 맞은 듯 줄줄이 조직이 무너져 간판을 바꿔 다는 곳이 속출하자 파월유공의 세력은 하루하루 눈에 보일 만큼 와해되기 시작했다.

한편 파월유공은 사무실을 서울의 변두리인 송파구 가락동으로 옮겨가면서 필자와는 자연히 연(緣)이 끊기게 되었고 몇 달 후 그 쪽 소식을 들어 보니까 황문길 회장은 사무실에 나오지 않고 종적도 알 수 없다고 했다. 내심으로 오래잖아 파월유공은 완전히 문을 닫아 사라지고 자연적으로 전우조직은 해외참전전우회라는 단체로 하나가 되는 것이 아닌가 하는 생각이 들었다.

월남전의 영웅인 채명신 장군이 명예회장이고 88서울올림픽조직위원장으로서 세계적인 명사로 이름을 떨친 박세직 장군이 회장으로 선임됨으로써 태산처럼 우뚝하게 떠오른 대한해외참전전우회가 출범하자 파월유공 중앙회에서는 이제까지 황문길 회장을 깍듯이 떠받들던 고문, 사무총장 등 간부들이 줄줄이 박세직 진영으로 자리를 옮겼으며 지방 조직에서도 광역시, 도지부는 물론 시군구 단위의 지회도 바람 앞에 갈대 쏠리듯이 해외참전으로 간판을 바꿔 다는 도미노 현상이 벌어졌다. 이러한 쏠림 현상은 파월유공의 내부 부실과 때를 맞춰 더욱 가속화 되어 짧은 기간에 전우사회의 판도는 해외참전전우회 일색으로 바뀌는 것이 아닌가 하는 생각을 갖게 하였다.

해외참전전우회는 출범 직후는 원남동 소재의 기독교여성회관에서 방 2칸을 빌려 썼는데 단체의 세(勢)가 갑자기 불어남과 동시에 중앙회에 드나드는 방문객의 숫자도 이만저만이 아니어서 원남동 사무실은 2칸을 쓰면서도 불편하기 짝이 없게 되었다. 결국 방배동에 3층짜리 건물 한 채를 통째로 세내어 『전우회관』이라는 간판을 달아놓으니 웬만한 정당의 당사에 못지않은 모습을 갖추게 되었다. 1층은 참모들의 행정사무실, 2층은 사무총장실과 접빈실, 3층은 회장실, 명예회장실로, 그리고 지하층은 기동봉사대와 平和功勞新聞社까지 곁다리로 들어가서 활동하게 되니 그 일대는 삽시간에 파월전우들의 활동무대로 변한 것 같았다.

당시 참모진을 지휘하던 인사는 민병선 예비역 소장으로 훤칠하고 깔끔한 외모에 카리스마가 넘치는 지휘관형 인사였다. 그는 월남전에서 고보이 평야의 수전전투(水戰戰鬪)에서 빛나는 전과를 세워 채 사령관으로부터 사랑을 받아 승승장구한 군인이었는데, 여러 가지 사연과 애로가 무수히 많은 민초의 전우사회에서는 그의 권위주의적인 업무수행방식이 적합하지 않은 것 같았다. 그리하여 얼마 후 예비역 대령 출신으로 언변이 좋기로 소문난 김락제 선배가 사무총장으로 들어왔다. 그는 인격적으로 모든 것을 갖춘 훌륭한 인재였는데 막상 고단한 생활 속의 민감한 전우들에게는 "윗사람들의 비위나 맞추고 일반 대다수 전우들의 애로사항에 대하여는 무관심하다"는 핀잔을 받기도 하면서 내부적으로는 깔끔한 행정처리나 참모들의 장악과 유연성 있는 협조 등 7~8년 간 박세직 회장의 사무총장으로 박 회장의 정치적 전성기에 국회의원이라는 신분상 유리한 점에 힘입어 파월용사들의 위상 제고와 명예 선양을 위해서 많은 노력을 경주하고 그 성과가 매우 컸던 것이다.

이 때에 협력한 학계의 인물로서는 정용석 교수를 비롯하여 참전용사로서 인문학계로 진출한 교수들이 대거 참여하여 월남참전의 의의(意義)를 정립하는 데 탄탄한 기초를 세웠다고 해도 과언이 아닐 것이다.

🌿 제14대 국회에 전우 34명 대거 진출
"전우 권익 위해선 여야 없이 함께 노력한다"

1992년 4월 치러진 제14대 국회의원 총선거에서는 파월 전우들이 전예없이 34명이라는 많은 선량이 당선되는 쾌거를 이루어 냈다. 이들은 박세직 대한해외참전전우회 회장의 주최로 육군회관에서 열린 전우 국회의원들의 '당선 축하연'에 모여 "전우의 일이라면 여야가 없이 함께 노력한다" 라는 다짐을 하였다. 이들은 파월전우의 명예선양에는 물론 때마침 불거진 고엽제 피해문제에 대해 법률을 제정하는 데 많은 기여를 한 것이다. 이는 또한 간접적으로 새로이 출범한 대한해외참전전우회와 박세직 회장에게 힘을 실어주는 역할을 했던 것이다.

당선자들의 명단은 아래와 같다.

김복동	김길홍	김기도	권익현	강창희	김상구	라병선	민태구
박구일	박세직	박준병	배명국	서정화	송광호	송영진	신경식
안무혁	양창식	유학성	윤태균	이건영	이상재	이춘구	임복진
정준익	장영달	정기호	정동호	정순덕	정호용	조순환	허삼수
허화평	황의성						

 조직의 복원에 나선 파월유공
― 명칭도 월남참전전우연합회로 바꿔

한편 파월 유공은 사무실도 없어지고 무주공산격이 되었는데 황명철 부회장이 잠실에 사무실을 차려 놓고 일부 따이한의 뿌리를 지키려는 끈질긴 간부들을 규합해 조직의 빈자리를 메워 나가기 시작했다. 회의 명칭도 '월남참전전우연합회'로 변경하여 간판을 바꿔 달고 전국으로 돌아다니며 조직의 복원을 위해 뛰어 다녔다.

또 한편으로 고엽제 단체와 손을 잡고 단체의 허약성을 보완하여 행사도 치르며 활동하니 회세(會勢)는 차츰 회복되었고 지방의 단체장 중에 해외참전으로 합류할까를 생각 중이던 지부나 지회도 다시 마음을 고쳐먹고 연합회로 돌아가는 일이 많아졌다. 그 무렵, 여기서 한 가지 이해할 수 없는 일은 전우단체의 큰 집인 재향군인회는 파월단체가 어떤 형태로든 하나로 되는 것이 바람직한데 파월전우연합회를 이끌고 있는 황명철 회장에게 이사 자리를 주고 단체까지 후원하는 입장에 섰다는 일이다. 이러한 향군의 행태는 해외참전을 이끄는 박세직 회장을 매우 곤혹스럽게 하였다.

국내외적으로 유명인사인 해외참전이 박세직 회장의 입장에서는 반쪽 전우회의 수장을 맡아 안간힘 쓰는 것이 개인적으로도 위신이 깎이는 듯 자존심 상하는 일이었고 단체 차원에서도 전우들의 명예선양과 권익 증진에 지장이 되는 일로서 우선적으로 해결해야 할 새로운 과제로 '통합'이라는 문제가 생긴 것이다.

사실 박세직 회장은 전우회가 이렇듯 두 갈래로 쪼개진 줄을 까맣게 모르고 회장 자리에 올랐는데 얼마 후 파월유공의 존재를 알고 당황했던 것이다. 그리고 파월유공의 존재가 전체 32만 파월전우들의 명예와 권익을 위해 자신이 추진하고자 하는 계획에 상당한 걸림돌이 된다는 사실도 깨닫게 되면서 우선 단체를 하나로 통합시키려 노력했으나 결국 성사시키지 못했다.

황명철 회장의 맹활동은 따이한 클럽으로부터 시작된 파월유공의 복원에 큰 성과를 이루었다고 볼 수 있으나 전우사회 전체적인 면에서 볼 때 명예선양과 복지증진에 불리한 결과로 작용한 것이 사실이다.

이 때 해외참전전우회는 채명신 초대 사령관과 박세직 회장이 힘을 합치고 국회를 십분 활용하여 월남참전의 역사적 의의를 정립하기 위해 각고의 노력을 경주하고 있었는데 다른 한쪽에서는 자기들 나름의 활동을 벌이고 있으니 파월 용사 전체로 보면 엇박자를 치고 있는 꼴이었다. 이러한 모습을 전우사회 밖에서 보는 눈은 결코 좋을 수가 없었던 것이다. 그러나 지금까지도 이러한 필자의 소견에조차 반대 의견을 가지고 있는 전우가 상당수 있어 전우 조직은 채명신 전 사령관의 의도대로 움직여지지 않았다.

여하튼 황명철 회장이 이끄는 월남참전연합회(황명철이 회장이 되어 바꾼 명칭)는 자기들 나름의 행사나 전투수당을 받아준다는 등의 각종 활동을 한다고 들었고 황 회장 사무실을 방문하여 만나본 적도 있는데 어려운 가운데서 노력하는 그의 행동이 가상하기는 했지만 거기서 얻은 냉정한 판단이 그렇다는 것이다. 그래서 필자는 채명신 사령관이나 박세직 회장을 만나 통합문제가 거론될 때마다 '황명철이 원하는 대로 100%는 못해도 4~50%는 들어주고 통합하는 것이 좋을 것'이라는 진언을 여러 차례 한 적이 있다. 사람에게 있어 기득권을 내려놓는 일이 쉽지 않은 이유 때문이다.

 # 대한해외참전 성대한 만남의 장
1992. 10. 25. 올림픽 공원에서
11. 10. 육군회관서 자축의 밤 열어

파월유공이 허무하게 무너져 내리는 가운데 대한해외참전전우회에서는 '300만 파월용사가족 만남의 장'을 열기 위해 4.30대회의 대회장을 맡아 성공적인 축제를 벌인 바 있는 유봉길 우당건설 회장이 행사준비위원장이 되어 준비에 들어갔는데 준비위원회의 편성을 보면 명예회장 채명신, 회장 박세직, 준비위원장 유봉길, 부위원장 이복규, 김창후, 황장무, 기획조정실장 김장부, 기획위원 남우성, 총무위원 허신, 조직위원 장영목, 운영위원 석정원, 섭외위원 고영준, 홍보위원 안태훈, 의전위원 이청목,

대한해외참전정회의 주최로 잠실 올림픽 경기장에서 열린 전국파월용사가족 대잔치는 보라매 4.30 대회에 버금가는 성황을 이루었다. 대회준비를 맡은 유봉길 서울시지부장은 4.30의 열기를 다시 일으키자고 기염을 토했다.

행사위원 김중식, 행사위원 경인순 등으로 몇몇의 새로운 얼굴을 제외하고는 모두다 얼마 전까지 따이한회에서 활동하던 간부들이었다.

행사는 예정대로 10월 25일 잠실 올림픽공원에서 열려 전국에서 모인 전우들의 수가 1만 명을 넘는 대성황을 이루었다. 특히 이날 행사에는 국회에 새로이 진출한 전우 국회의원들이 대거 참석했고 전우연예인들이 찬조출연을 하는가 하면 경남 진주에서 올라온 허만선 전우문인은 고엽제 장애 1급으로 몸을 제대로 가누지 못하는 형편인데도 자작시를 낭송하여 만장의 감동을 자아냈다. 행사가 끝난 후 채명신 명예회장과 박세직 회장은 허만선 전우를 특별히 면담하고 뜨겁게 격려하고 위로하였다.

해외참전전우회는 이어 11월 10일 밤에 예하 각 조직의 간부들을 격려하는 자축의 밤을 열어 축제 분위기를 만들었다. 이날 밤 축하연에서 채명신 명예회장과 박세직 회장은 10.25대회 준비위원장으로 활동했던 유봉길 서울시회장을 위시한 행사준비위원회 간부들의 노고에 대해 진심어린 감사표시와 치하를 표하였으니 도하의 전우조직의 분위기는 해외참전으로 확연하게 쏠리는 현상과 함께 전우회의 판도가 달라졌다는 느낌을 금할 수 없게 되었다.

필자는 이 때 평화공로신문의 편집인으로 행사에 참석해 취재하면서 아무리 전우들끼리의 일이지만 세력의 강약에 따라 이토록 쉽게도 휩쓸리는 인심이 너무 야박한 것 아닌가 하여 염량세태(炎凉世態)의 무상함을 절감하였다. 하여간 모두 전우들이 만든 단체인데 한 쪽은 한숨이요 한 쪽은 축제를 벌이고 있었던 것이다.

그 뒤 대한해외참전전우회 박세직 회장은 국회의원회관을 마음대로 사용할 수 있었기도 하지만 월남참전의 국가적 성과와 참전용사들의 공훈을 홍보하기 위해 권위 있는 학자들을 참여시킨 가운데 세미나를 자주 개최함으로써 파월용사들의 명예선양에 많은 기여를 하였다.

그런데 한 가지 사족(蛇足) 같은 얘기지만 첨언하고자 하는데 박세직 장군이 해참의 회장직을 맡게 되자 국방부가 운영하는 전우신문에서 인터뷰를 했는데 고엽제 문제에 대한 언급에서 '고엽제 환자들의 질병의 원인' 에 대하여 박 회장은 "월남의 기후 풍토는 한국과 너무 많은 차이가 있으므로 갑작스레 변한 환경에서 얻어진 일종의 풍토병 같은 질환"이라고 답한 것을 그대로 보도하였다.

필자는 그 기사를 보고 당황했고 유명인사의 이런 잘못된 발언은 일후에라도 두고두고 당사자에게 흠집이 되어 괴롭힐 수도 있을 거라고 여겨 현역 시절 공보관으로 근무하면서 알게 된 전우신문사 편집부장인 마욱(馬旭) 선배에게 전화를 걸어 "박세직 회장의 인터뷰 기사에서 고엽제에 대해 풍토병이라고 말한 것은 잘못된 것이니 아주 작게라도 정정기사를 좀 내주었으면 좋겠다"고 했더니 "내가 부장이라도 기자의 입장이 있으니 직접 말하라"고 해 기자에게 말하니 "지금 말씀하시는 분은 누구냐?"고

하여 내 신분을 밝혔더니 인터뷰를 한 쪽에서 정정요청이 없는 한 불가하다고 했다. 그래서 또 해참의 장영목 조직국장에게 전화를 걸었다.

"장 선배, 수고 좀 해 주셔야 되겠소."

"뭔데…."

"전우신문사에 전화 한 번 해 줘요! 박세직 회장님께서 금번 인터뷰 때 고엽제 후유증상을 풍토병이라고 말한 거 말이요. 그건 잘못된 표현이니 정정기사를 내달라고 말이요."

"그게 뭐 그렇게 중요한 일인가 내버려 두지 뭘…."

이 답변에 다소 불안한 마음이었으나 어쩔 수 없었다. 그런데 아니나 다를까 고엽제 증상에 대해서는 이미 잘 알고 있던 파월유공 측에서 박세직 회장을 비난하는 목소리가 매우 높았고 지금까지도 "박세직이는 고엽제를 풍토병이라고 한 사람"이라고 비아냥대는 전우가 적지 않다. 옥에 티라는 말은 이런 걸 두고 하는 말이 아니겠는가? 장 선배의 사소한 무관심(?)이었지만 박 회장에게는 적지 않은 누가 되었던 것이다.

그 후 박세직 회장이 2000년 제16대 총선 공천에서 탈락되고 정치적으로 내리막길을 걸으면서 전우회에 대한 활동도 저조하기 시작했다. 대한해외참전전우회는 충직하기 이를 데 없는 허신 사무총장이 고군분투로 전우회의 대들보격인 유봉길, 이복규 전 서울시회장과 신창재 부회장 등과 손을 잡고 운영자금을 조달하며 전우회를 운영해 가는데 호사다마라던가, 유봉길, 이복규 두 전 회장은 폭풍처럼 몰려온 IMF 한파에 휩쓸려 기업이 파탄되니 전우회를 도울 길이 없고 신창재 부회장은 신부전증에 걸려 1주일에 2번씩이나 투석을 받기에 이르니 허신 사무총장은 고군분투로 명맥만 유지하면서 값싼 사무실을 찾아 전전하였다. 극도의 재정난에 빠진 중앙회는 영등포구 양평동 어느 모서리 허름한 건물의 지하층으로 이전하여 궁색한 모습이 목불인견의 한심한 상태를 지속하고 있었다. 그러기를 2년쯤 계속했다.

필자가 그곳을 방문하여 보고 낙담하며 명예회장이신 "사령관님 명패는 어디 있소?" 했더니 허신 총장 왈 "저기 코너에 있는 방문을 열고 봐요" 하기에 오래 된 판자문을 삐거덕 열고 보니 섬뜩하게 음산한데 거미줄이 정글마냥 얼크러진 좁다란 시멘트 방, 책상 하나에 '명예회장 채명신'의 명패와 '회장 박세직'이라는 명패가 하얗게 먼지를 뒤집어 쓴 채 아무렇게나 나뒹굴어져 있는 게 아닌가? 필자는 순간적으로 '해참 단체의 최후'라는 단어를 떠올리며 맥 빠진 발길을 돌려 사령관님 댁을 방문하였다.

"사령관님 전우회를 이대로 두어서는 안 되겠습니다. 만사에 의욕을 상실한 듯이 보이는 박 회장님의 짐을 덜어드리는 것이 개인적으로나 전우회로도 유익한 일로 생각됩니다.(그 당시 박세직 회장은 국회의원 공천에서도 탈락하고 정치적으로 매우 위축된 상태였다.) 이제 전우회가 바로 서기 위해서는 사령관님께서 직접 나서야 되지 않겠습니까? 불순분자들의 양민학살 모략도 빨리 막아야 하고요!"

그랬더니 채명신 사령관께서는 "맞아 며칠 전 이진삼(전 참모총장) 장군을 만났는데 그 친구도 똑같은 말을 했어!"라고 답하여 필자는 사령관께서도 이미 전우회 중앙회의 심각한 경영난에 대해 파악했고 직접 나서지 않으면 안 된다는 결심도 어느 정도 굳힌 것이 아닌가 하는 생각을 했던 것이다. 이리하여 잘 나가던 박세직 회장체제의 화려한 10년간의 전우회는 마침표를 찍고 또 한 번 전환기를 맞게 되는 것이다.

박세직 장군은 그 후 2006년 4월에 재향군인회 회장 선거에 출마하여 압도적 다수표로 당선되어 2006년 대한민국 재향군인회 제31대 회장에 선출되었고, 2009년 제32대 회장으로 재당선 연임되었으나 2009년 7월 급성폐렴으로 입원한 지 1주일 만에 사망하여 향군장(鄕軍葬)으로 대전 현충원에 안장됨으로써 명예스러운 군인으로서의 최후를 마감했다.

『한겨레 21』 양민학살 기사(허위) 보도
― 아직도 진행 중인 악성언론과의 투쟁

1999년 5월 6일자 주간지 '한겨레21'은 특집으로 실로 어처구니없는 기사를 게재했다. 제목부터 섬뜩한 "베트남의 원혼을 기억할 것" "최초로 확인하는 한국군의 양민학살 현장"이라고 제목을 달고 그 기사 내용은 실로 황당하기 이를 데 없는 짜맞추기 픽션이었다. 주월한국군 지휘부는 작전 시 "깨끗이 죽이고, 깨끗이 불태우고, 깨끗이 파괴한다"라는 지침을 내려놓고 있었기에 그런 일이 벌어졌다는 것이다.

실로 터무니없는 허구 날조이고 악선전이다. 1965년 9월 25일 주월한국군사령부가 정식으로 출범하면서 초대 사령관에 임명된 채명신 장군은 지휘각서 제1호를 예하 각 부대에 하달했는데 그 요지는 "100명의 베트콩을 놓치는 한이 있어도 1명의 양민을 보호하라!"는 것이었다. 이것은 주월한국군 일등병에서 장군까지 전 장병이 귀에 못이 박히도록 밤낮으로 말하고 듣는 슬로건이요 철칙(鐵則)으로 반드시 지키지 않으면 중벌을 면치 못할 엄정한 군법(軍法)이었다.

예하 부대 지휘관들은 각기 자기 휘하에 속한 장병들에게 철저한 교육을 시켜놓고 있었다. 우리는 공산주의자들의 악랄한 허구 날조 선전술을 무수히 보아왔던 바 한국군 장병들이 월남 땅에 발을 붙이면서부터 귀에 못이 박히도록 들어온 지휘각서 1호였는데 이와 정반대되는 지시를 내려놓아서 파월장병들이 그 지침대로 양민을 마구잡이로 학살했다는 낭설(浪說)을 퍼트리고 있는 것이다. 우리 파월 장병들은 그런 터무니없는 말에 '행여 국민들이…' 그리고 무엇보다 두려운 것은 우리 자손들이 마음에 상처를 입을까 두려운 것이다.

우리 노병은 이제 힘이 없다. 이러한 허위날조 선전선동은 국민의 안보

세력의 근간인 군과 국민간의 이간책이요 국가의 도덕성을 훼손하고자 하는 엄연한 범죄임으로 정부가 나서서 막아주어야 하는데 이제까지 어느 정권도 관심조차 기울여 본 적이 없었다.

따라서 우리 스스로 '사실이 그렇지 않다는 것' 을 '도저히 그럴 수 없었다는 것' 을 명쾌한 논리로써 대항할 수밖에 없는 것이다. 한국군이 만일 무고한 월남양민을 단 몇 명이라도 '학살(虐殺)이라는 모양새' 로 잔인하게 죽인 일이 있다면 그 이유가 어떠하든 가장 먼저 자유월남 국민들이 '한국군 물러가라' 고 들고 일어났을 것이다. 그리고 그곳에 나와 있던 외국의 기자들이 잠자코 있지 않았을 것이다.

그래서 필자는 사실이 그렇지 않다는 것을 논리적으로 입증하기 위해서라도 양민 피해에 관련된 몇 가지 사례를 들어 보고자 한다.

 * 첫 번째로 1968년 7월 비둘기부대 경비대대의 진지정찰 중에 벌어진 사건을 말하지 않을 수 없다. 이 때 한국군이 사살한 베트콩은 6명인데 베트콩의 무리 중 2명이 도망쳐 '자기들은 양민인데 한국군에게 죽임을 당했다' 고 고발하여 사건화 된 일이다.

이 때 아군 소대장은 유죄판결을 받아 본국으로 이송되었는데 현지의 당시 상황을 잘 알고 있는 우리 전우들의 입장에서 보면 법리적(法理的)인 면을 떠나 이해되지 않는 당사자에게는 너무도 억울한 판결로 여겨졌다. 당시 월남전장의 특수한 상황은 '베트콩은 있는 곳도 없고, 없는 곳도 없다' 는 말로 표현되었는데 그러한 말이 무슨 말인고 하면 가령 예쁘장한 소녀나 여학생 그리고 소년이라도 품속에 수류탄이나 한국군(또는 연합군)을 해칠 독극물이나 무기를 소지하고 있으면 베트콩이고 인자한 노인이나 친근하게 미소로 다가오는 아주머니도 언제 어떻게 베트콩으로 돌변할지 모르는 상황이 바로 그런 말을 하게 하는 이유인 것이다.

국가(자유월남공화국)가 인정하는 군인(정규군 및 민병대 등)이 아닌 자가 총을 소지하고 있는 무리라면 이는 분명히 베트콩집단이다. 총을 들고 저항하다가 죽어간 그들(게릴라)의 무리 중에서 탈출한 자의 말을 근거로 삼아 생사의 갈림길에서 전투임무를 수행했던 장병의 행위에 대하여 중형(重刑)으로 단죄하는 법의 논리를 납득하기 어려운 것이었다. 이는 아마도 지휘각서가 그만큼 엄정하게 지켜지고 있다는 것을 증명이라도 하려는 본보기 같은 판결은 아니었을까 하는 생각까지 든다.

필자 또한 글을 쓰는 사람의 양심으로 수긍이 가지 않는 가운데 '지휘각서 제1호'를 의식한 중형(重刑) 판결이 아닌가 하는 의구심을 떨칠 수 없는 것이다.

＊두 번째는 린선사 승려 살해사건의 경우이다.

1969년 10월 14일 밤에 중부월남의 닌투안성 틴하이군 카하이읍 린선마을에 있는 조그마한 우리나라의 암자 비슷한 작은 절인 린선寺에서 불공을 드리고 있던 승려 4명이 M16 소총을 든 괴한에 의해 살해되었다.

이튿날 아침 닌투안성 일대에는 '한국군이 스님들을 몰살하였다'는 내용의 전단지가 곳곳에 뿌려졌다.

사건은 이내 한국군이 월남 승려들을 살해한 것으로 기정사실화되어 주변으로 점차 확산되면서 불교신자가 대부분인 주민들은 한국군에 대한 반감을 노골적으로 드러냈으며 이를 호기로 반정부세력은 본격적인 한국군에 대한 배척운동을 벌이려 공작하고 있었다. 지금까지 주민들의 환심을 사기 위해 각 방면으로 힘써온 노력이 이 하나의 사건으로 물거품이 되려 하고 있었다. 사건의 심각성을 인지한 이 지역담당 한국군 백마 30연대장과 닌투안 성장은 서로 긴밀한 협조 하에 정확한 진상을 파악하고자 사건을 최초로 폭로한 72세의 응웬 티 늦 노파의 진술을 토대로 예리하게 조사를 벌인 결과 한국군이 이 사건을 저질렀다는 확증을 얻지 못해 고심하던 중 베트콩 22지구위원회가 베트콩 무장공작대장 구엔 베에 대한 표창식을 거행했다는 문서를 입수하여 이를 근거로 사건의 전말을 파헤쳤던바 결국 그 무장공작대가 한월당국과 주민간의 이간책으로 벌인 도발이었음이 판명된 것이다. 그리하여 잠시나마 난처해진 한국군의 입장에서 벗어나 신뢰를 회복하고 종전과 다름없는 한월친선관계로 돌아섰던 것이다(린선사 사건에 대한 부분은 이세호 著《한길로 섬겨온 내 조국》을 참고하였음).

그런데 구수정은 날조 작성한 기사에서(최고 지휘관은) "깨끗이 죽이고 불태우고 파괴하라"고 했다고 쓰고 있으니 기가 막힐 노릇이다. 그리고 그녀는 한국군이 주둔했던 각성의 마을을 찾아다니며 전쟁통에 가족을 잃은 노인들의 입으로 횡설수설하는 말 "한국군에게 우리 아들딸들이 무참히 죽임을 당했노라"는 넋두리 픽션 시나리오를 작성하고 그럴듯한 사진까지 첨부하여 송고한 것이다.

또 연이어 9월 2일자 주간지에는 '미군보다 잔인했던 용병' '한국군 한 명 죽으면 다음날 마을엔 줄초상'이란 제목으로 한국군은 복수를 위하여 무고한 양민을 무더기로 학살한 양 거짓 기사를 썼으며 한국군은 월남인들을 40~50명을 줄 세워 놓고 기관총으로 마구 난사하여 떼 죽임을 자행하였다고 했는데 만약에 한국군이 한 번이라도 그러한 짓을 했다면 민족적 자존심이 강한 자유월남 주민들은 말할 것도 없고 해당지역의 성장(省長)이나 모든 관료들까지 한국군을 향해 삿대질을 하면서 "한국군은 당장에 보따리를 싸들고 돌아가라"고 했을 것이다. 그뿐 아니라 당시 월남에 나와 있던 세계 각국의 언론 특파원들도 펜으로 한국군을 난도질했을 것이다(그와 비슷한 상황이 린선사 승려 피살사건 때 잠시지만 실제로 일어났던 일이다).

필자는 1968년 파월하여 공보업무를 수행하며 한국군이 주둔한 각 지역을 비교적 자유스럽게 왕래하며 보도진을 안내하고 진중신문 제작을 위해 취재도 했는데 그 기간이 무려 1972년 8월 귀국할 때까지 5년(68~72)간의 사항을 머릿속에 필름의 영상처럼 기억하고 있지만 '한국군의 양민학살'이란 도대체 터무니없는 소리일 뿐이다.

만약에 구수정의 날조된 기사가 사실이었다면 당시 월남에 파견되었던 세계 각국의 언론 특파원들이 그런 특종기사거리를 놓치지 않았을 것이다. 필자는 귀국 후 꼭지가 덜 떨어진 병사 귀국자가 무용담이랍시고 베트콩을 어떻게 잡았노라고 헛소리를 지껄이는 것을 본 일이 있는데, 나의 촉각으로는 그 작자는 아마 베트콩의 코빼기도 못 본 얼간이라는 생각을 했던 것이다. 실제로 전투를 많이 한 병사는 트라우마 때문에 전장(戰場)이야기를 잘 안 하는 법이기 때문이다. 억지로 기사거리를 만들고 싶은 불순 언론 기자가 얼치기 영웅심에 간이 부은 자를 꼬드겨 인터뷰한 내용을 보고 실소를 금치 못한 사례도 있다.

　남양주 화도읍에서 식당을 운영하고 있는 오○홍 중사(예)는 십자성부대에서 통역임무를 수행하다 귀국했다는데 비전투부대 보급분야에 있었던 자가 전투에 대해서 무얼 얼마나 안다고 월남에서 한국군의 고의적인 양민살해 행위가 있었던 것처럼 기자 앞에서 중언부언한 것을 보고 실소를 금치 못하였다. 그러한 '엉터리 무용담'을 함부로 내뱉는 사례가 이외에도 종종 있었으니 한심한 일이 아닐 수 없다.

　한국군이 파병된 이래 최대 시련을 겪었던 1968년~1969년 구정공세 때 백마부대는 대대장이 전사할 정도의 큰 피해를 보았는데 그러한 격전 중에서 월남의 주민 피해도 매우 컸다. 1968년 2월 12일 퐁니 및 퐁닛 마을에서 69명이 희생되고 이듬해 가을 호앙찌우 마을에서 22명이 희생되었고, 1969년 4월 푹미 마을에서 4명이 희생되었는데 이런 때마다 자유월남 당국과 미군 및 한국군 감찰부는 합동으로 진상을 조사하여 관련부대의 지휘계통이나 현지 참전 장병들의 과실, 고의성 유무 또는 무리한 작전수행 여부를 엄밀히 조사하여 결론을 내리는 조치를 하곤 하였던 것이다. 만약에 고의성이 조금이라도 발견될 때에는 엄중한 문책이 따랐던 것이다.

🦋 피를 아낀 지휘관 채명신
살생유택(殺生有擇)의 화랑도 정신 실천

채명신 사령관은 인간적으로 특기할만한 인도주의자이며 우리들의 피를 아낀 만큼 월남인의 피도 아꼈던 양심적이고도 순정(純淨)한 크리스천인 것이다. 필자는 언젠가 사령관님의 자택에서 이런 대화를 나눈 적이 있다.

"사람들은 모두다 사령관님을 향하여 전과를 많이 세운 세계적인 전략가라고 극구 칭찬하는데 저는 그런 부분에 대하여 그다지 중요하다 생각하지 않습니다. 그런 것은 다른 지휘관도 다 할 수 있는 일이며 사령관님만의 특별한 공로는 '피를 아낀 지휘관' 이라고 생각합니다."

필자는 전사편찬위원회의 세미나에서 적군의 영웅인 보응우옌잡에 대하여 "디엔 비엔 푸 전투에서 프랑스군을 물리친 공로는 크지만 한 전투에서 8천 명의 부하장병을 희생시키고 1만5천 명을 부상시키는 피해를 감수하였다. 너무도 비싼 값을 치른 승리였다. 반면에 채명신, 이세호 두 분의 우리 지휘관은 8년 6개월 동안에 안전사고까지 합산하여 5,099명만을 잃었을 정도로 피를 아낀 위대한 지휘관들이었다"고 갈파한 적이 있다.

두 분은 모두 독실한 크리스천 장로로서 우리의 피뿐 아니라 적의 목숨까지 소중히 여긴 기독교적 인도주의자였던 것이다. 그렇다고 하여 전쟁에 태만했다는 말은 결코 아니다. 손자병법에 부전승(不戰勝)이 최선이라는 말이 있듯이 전쟁도 능률적으로 해야 된다는 말이다. 임진왜란 때 이순신 장군이 그랬듯이 패하는 싸움은 당초부터 하지 않았으며 화랑도 오계(五戒)에서 살생유택(殺生有擇)이라 했던 것과 같이 피아를 막론하고 가급적 불필요한 인적 피해는 최소화 한다는 방침이었다.

구수정과 한겨레신문은 그러한 특별한 인도주의자 사령관을 위시하여

32만 우리 파월장병들을 악독한 인간군(群)으로 몰아 치욕을 덮어씌우려한 것이다. 그럼에도 불구하고 이러한 불순언론인에 동조하는 학자연하는 비양심적인 좌경 사이비 학자나 종교인이 꽤나 많은 것이 오늘날 한국의 현실이고 보니 이 나라의 지성은 완전히 실종된 것인가 개탄을 금할 수 없는 것이다.

이에 분개한 채명신 사령관과 문인이며 동시에 전사연구가이기도 한 박경석 장군(초대 재구대대장 역임), 군사학에 조예가 깊은 지만원 박사(백마부대 포대장 역임)와 이선호 박사(파월 청룡부대)를 대동하고 소위 진실위원회라고 하는 그룹 그리고 한겨레신문 등 일당과 명동에 있는 은행회관에서 담판을 벌였는데 양측의 주장은 평행선을 달릴 뿐이어서 이렇다 할 결말을 내지 못한 채 토론회는 종료되었다.

그리고 얼마 후 분개한 전우들이 만리동에 있는 한겨레신문사의 윤전기에 모래를 뿌리는 격렬한 시위를 벌인 적도 있으나 그들은 지금도 그 주장을 굽히지 않고 있을 뿐 아니라 한술 더 떠서 최근에는 일본 언론을 끌어들이는가 하면 구수정을 위시하여 종교인, 예술인, 전교조원 등이 합세하여 『한베트남 평화재단』까지 만들어 〈피해월남인상(像) 일명 피해탑〉을 제작해 서울 정동에 있는 프란치스코 성당 앞에 세우려는 시도를 하고 있던 중, 월남에 거주하고 있는 강기웅 전우가 귀국하여 국내의 고홍경 전우 (서울신문사 전 임원)와 합세해 서울시 관계자를 비롯하여 그들이 설치하고자 하는 위치를 관리하는 프란치스코 성당의 신부 등 관계요로들을 만나 "그러한 조형물의 설치는 절대 불가하다"는 점을 역설하는 등 다각적인 저지활동의 노력에 의해 일단 조형물을 국내에 설치하려는 불순 의도는 좌절되고 중지되었다는 전언을 들었다. 그들의 노력은 장하고 가상하다.

그러나 이런 문제는 전우회 중앙회가 발 벗고 나서 대처해야 되는 것이지 일부의 의협적인 전우가 나서는 것은 마치 큰 방축이 무너지려 하는데 한두 사람이 호미를 가지고 막으려 덤비는 것과 같이 근본적인 대책이 되지 못하는 것이다. 불순하고 집요한 그들은 요즘 베트남의 꽝남성 등 베트남 요소(要所)에 이런 조형물들을 세우려고 노력 중에 있는 것으로 알려지고 있는데 만일 이러한 조형물이 어느 곳에든 세워질 경우를 생각하면 모골이 송연해지는 것이다.

월남전참전자회는 우용락 전우가 회장을 맡고 있을 때는 베트남재향군인회와 손을 잡고 교류하며 그런 불순세력과 법적투쟁을 벌여서라도 이를 저지하고 척결하고자 대비자금을 모금하는 등 적극적인 노력을 하더니 요즘은 조직 내의 법정싸움 등 분규로 그런 문제는 뒷전으로 밀려 중지된 채 이에 대해 전혀 대처를 하지 못하고 있는 상황인 것이 안타깝다.

1) 베트남의 원혼을 기억하라
2) 미군보다 잔인했던 용병
3) 영국, 일본이 달래준 상처
4) 저주의 욕설
5) 아! 전쟁이란 본시 그런 것

이 기사를 보낸 사람은 호치민시 어느 대학에 유학 중인 구수정 통신원이었다. 필자가 그 기사를 읽으면서 챕터마다 앞에 붙인 소제목들과 본문의 논조에서 느껴지는 것은 이 학생의 생각 밑바탕에는 본래부터 대한민국에 깊은 반감을 가지고 있는 젊은이로 여겨졌다. 그녀에게는 부모 친척도 없고 이웃과 동포도 없으며 오로지 악귀에 혼이 빼앗긴 분노와 원한만이 가득한 마녀가 아니고서는 그러한 붓장난을 칠 수 없다고 여겨졌던 것이다. 그녀는 보통 말이라도 독자가 되도록 국군을 모독하고 국가의 위신을 땅바닥에 패대기치고 싶은 심정을 맘껏 발산하려는 악의적인 노력이 뚜렷이 보이는 것이었다. 터무니없는 날조와 과장 그리고 가급적이면 독이 담긴 어구를 구사하여 독자로 하여금 분노를 유발하도록 하고 싶어 하는 소영웅주의적 치기어린 마음의 바탕이 그대로 노출되어 나타나는 것이었다.

과거 좌경언론의 한 부류인 말誌가 그랬던 것처럼 같은 성향의 한겨레신문이 호치민시(구사이공)의 어느 삼류대학에서 박사가 되려고 안달을 하던 치기만만(稚氣滿滿)한 묘령의 한 여학생을 부추겨 하필 '한국군이 양민을 학살했다'는 테마를 잡게 했고 이후 그녀를 영웅처럼 추켜세워 겁 없는 행동을 맘대로 자행토록 한 것은 아닐는지… 철부지 어린아이가 불장난을 하다가 화재를 내면 처음에는 지극히 작은 불씨일지라도 그 불이 점점 커져서 건물을 태우거나 심하면 한 동네를 태우고 산으로 번지면 온 산을 태우듯이 파월 한국군이 '양민을 학살했다'는 글을 써서 일단 터뜨리고 난 다음에는 주로 해방신학계의 몇몇 학자나 그와 생각을 같이 하는 다른 학자(강 모 교수 같은 부류), 그리고 도시산업선교회 계의 종교인과 뜻을 같이하는 여타 종교인들, 또는 문화인을 자처하는 적색분자 및 동류의 언론인이 합류하여 '허무맹랑한 양민학살론'을 문제 삼아 또 하나의 반체제 그룹이 조성되는 것이다.

이들은 월남전 당시의 그곳의 사회상, 정치상황, 군사문제 등 얽히고설킨 복잡한 상황과 여기에 본의 아니게 끼어들어야만 했던 한국 정부의 입장은 차치하고라도 산 설고 물 설은 이국의 산하에서 베트콩과 싸우던 우리 장병들의 고충은 털끝만큼도 생각해 보지 않고 그곳에서 실제로 있었던 진실이 무엇인지도 전연 알지 못하는 가운데 전쟁 때 가족을 잃은 전쟁 피해 가족을 반세기 넘은 후에 찾아가 그 가족이 '어떻게 죽었는지' 그 진실이 규명되지 않은 상태에서 그들이 지껄여대는 대로 양민피해 ⇒ 양민살해 ⇒ '양민학살'로 진화하는 해괴한 도식(圖式)을 그려 대한민국 수호세력의 한 축을 무너뜨리고자 획책하는 것이 과연 온당한 일인가? 그들은 무엇 때문에 그 일에 열을 내는 것일까?

역사는 진실에 근거를 두고 써야 할 것이며 언론도 마찬가지인데, 그녀와 또 그녀와 함께하는 부류에게는 진실이라는 것은 아랑곳할 필요도 없는 것이어서 그럴듯한 픽션(Fiction)의 스토리(Story)를 작성해 유포하여 세상관심의 절정에 오르면 그만이라는 생각인 것 같다. 이렇게 못된 생리의 반국가분자들은 칼보다 무서운 정의의 눈도 역사의 심판도 아랑곳하지 않고 우선 자신을 이용하려는 불순한 세력의 환호성에만 도취되어 물과 불을 두려워하지 않는 부나비가 되어 날뛰는 것이다. 이 치어(稚魚)를 조종하는 노회한 자들의 면면을 보면 평양에 가서 "만경대 정신으로 통일을 앞당기자"라는 말을 방명록에 써놓고 나와 형무소에 들어갔다가 나온 대학교수가 있고 '도산(도시산업선교회)이 들어가면 그 회사가 망한다'는 말이 있는데 그 도시산업선교회를 이끌던 목사가 있고 해방신학(解放神學)으로 남아메리카를 후진국 대륙으로 전락시킨 그 해방신학을 하는 대학교 교수들이 있으며 요즘은 이념이 불온한 영화를 찍는 문화계 인사까지 합류했다는 것이다.

이런 분자들을 응징하지 않는 제도권의 무사안일과 눈감아주기도 큰 문제이다. 관계 당국의 방관적인 태도는 분명히 직무유기인 것이다.

🌿 주월한국군은 생리적으로 양민을 죽일 수 없는 군대였다

초대 사령관의 지휘각서 제1호 "백 명의 베트콩을 놓치는 한이 있어도 한 명의 양민을 보호하라."

이러한 지휘각서가 나온 동기부터 살펴보면 주월한국군의 사령관인 채명신 장군은 6.25한국전쟁 때에도 백골병단 지휘관으로 게릴라전의 고수였을 뿐 아니라 군인이면서도 독서를 많이 하는 지장(智將)이었으며 특히 이웃나라 중공군의 전술에 대하여 깊이 연구한 전술전략가로서 자유월남을 위협하고 있는 월맹군이나 남부 월남의 게릴라인 베트콩 모두는 중공군의 영향과 지원을 받는 군대로서 이들의 전술 또한 그 범주 내에 있는 것으로 모택동의 주장대로 "인민은 물이요 해방군은 물에서 사는 고기다"라 하면서 인민과 군의 일체감을 주장했던 바 이에 큰 영향을 받은 군대인 베트콩과 대결해야 하는 한국군의 대 게릴라전술은 '주민은 물, 게릴라는 그 물 속에서 활동하는 고기'로 보고 물과 고기를 분리하여 떼어 놓는 것이 가장 중요한 일이라 판단했기에 그는 주월한국군 사령관이 되자마자 가장 먼저 한 일이 휘하 장병들에게 관할지역의 주민이 군을 안심하고 믿으며 협조하게 하는 일로써 지휘각서 제1호 "백 명의 베트콩을 놓치는 한이 있어도 한 명의 양민을 보호하라"는 파격적인 훈령을 내린 것이다. 이런 명령을 본 미군의 제1군단장인 라―크 장군은 "당신은 정치를 하는 것이요?"라고 비아냥댔는데 웨스트 모어랜드 주월미군사령관은 채명신 장군의 혜안을 알아보고 이해하며 협조했던 것이다.

제2대 사령관 이세호 장군 또한 게릴라전의 고수로서 1968년 1.21 사태 시 124 군부대를 토벌한 지휘관으로서 초대 사령관의 지휘방침을 그대로 시행하였던 바 휘하 장병들은 이를 금과옥조의 불문율로 여기며 양민보호에 더 나아가 관할지역 주민과 친근해지기 위해 지대한 노력을 경주했을 뿐만 아니라 경로잔치라든가 유치원 놀이터 만들어주기, 파괴된 학교 보수 등 주민을 도우며 한국의 미풍양속을 전하는 데 많은 자긍심과 기쁨을 느끼는 상황이었는데 구수정의 글대로 '한국군이 무고한 양민을 마구잡이로 학살했다?'는 것은 너무나도 터무니없는 허구이고 날조(捏造)인 것이다.

우리에게 억울하게 쌩 누명을 뒤집어씌우는 것도 문제지만 그보다도 그 이면에 도사리고 있는 불순세력의 음모가 더 위험한 것이 아닐까 생각한다. 월남전에서 파월한국군의 활동역량을 칼로 무 자르듯이 구분 짓기는 곤란하지만 대민 선무활동에 70%, 군사작전에 30%의 비율로 할애하여 활동했다고 보는 것이다.

　민사활동을 구분해 보면

　1) 전쟁복구 건설－학교, 고아원, 도로보수, 교량건설

　2) 영농지원

　3) 경로잔치

　4) 자매결연

　민간인 보호가 최우선이었지만, 양민과 베트콩 구분이 곤란한 상황에서 "양민을 보호하지 못하면 작전이 무위로 돌아간다"는 상황인식이 모든 지휘관이나 말단 소대원에까지도 철저하게 각인되어 있었던 것인데 이러한 군율 속에서 전투를 수행한 군대는 세계 어느 전사(戰史)를 뒤져보아도 발견하기 어려운 것이다.

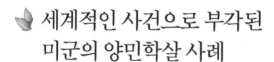 세계적인 사건으로 부각된 미군의 양민학살 사례

「1968년 3월 16일 미토지구 밀라이 마을＝500명」(학살 3월 9일은 200～700명이라고 보도됨)

　*註 죽은 시체를 보면 아무리 늘려 보아도 몇 백 명이 될 것으로 보이지는 않는다.

　*제20보병사단 찰리중대의 소대장 윌리엄 캘리 중위

　군법회의 회부되어 종신형 선고－3년 6개월 뒤 풀려남

Photos of Viet Mass Slaying
THE PLAIN DEALER
OHIO'S LARGEST NEWSPAPER

CLEVELAND, THURSDAY, NOVEMBER 29, 1969

Exclusive

This photograph will shock Americans, as it shocked the editors and the staff of The Plain Dealer. It was taken by a young Cleveland area man while serving as a photographer with the U.S. Army in South Vietnam.

It was taken during the attack by American soldiers on the South Vietnamese village My Lai, an attack which has made world headlines in recent days with disclosures of mass killings of tragedy at the hands of American soldiers.

This photograph and others on this special page are the first to be published anywhere of the killings.

This particular picture shows a clump of bodies of South Vietnamese civilians which includes women and children. Why they were killed raises one of the most momentous questions of the war in Vietnam.

Cameraman Saw GIs Slay 100 Villagers

A clump of bodies on a road in South Vietnam.

미라이 양민 학살 사건은 베트남전이 한창이던 1968년 3월 16일 미군 부대가 베트남 남부 미라이 마을 주민 500여 명을 학살한 사건으로, 피해자 대부분이 비무장 노약자와 여성으로 밝혀져 국제적 비난을 받았다.

이 사건은 이듬해 뉴욕타임스의 세이무어 허시 기자에 의해 세상에 알려졌다. 이후 미군 장교 14명이 기소됐으나 유죄 판결을 받은 사람은 가장 계급이 낮았던 캘리 뿐이었다. 캘리는 22명의 민간인을 살해한 혐의로 71년 종신형을 선고받았으나 리처드 닉슨 대통령에 의해 가택연금으로 감형됐다가 3년 뒤 가석방됐다.

당시 미군 중위였던 윌리엄 캘리(66)는 지난 19일 국제 봉사단체 '키와니스 클럽' 회원들과 만난 자리에서 "미라이 마을에서 벌어진 일에 양심의 가책을 느끼지 않은 날이 단 하루도 없었다"며 "목숨을 잃은 베트남인들과 가족들, 이 사건에 연루된 미군 병사와 그들 가족 모두에게 죄책감을 느낀다. 정말 미안하다"고 참회했다. 이어 "(학살) 명령을 받았을 때 왜 그들(상사)에게 저항하지 않았느냐고 묻는다면, 내가 중위였고 그래서 어리석게도 명령에 따랐다고 답할 것"이라고 덧붙였다고 AP통신이 22일 보도했다.

[출처] - 국민일보

[1] 미국 육군 23보병사단, 11여단, 20보병 연대, 1대대, 찰리 중대는 1967년 12월 남베트남에 투입되었다. 투입 첫 달은 별다른 교전이 없는 상황이었다. 3월 중순이 되자 중대원 5명이 부비 트랩에 의해 사망하였다.

[2] 1968년 구정 대공세 기간 동안 꽝아이에서 남베트남 민족해방전선 48대대가 미군을 공격했다. 그 결과 미라이 마을을 비롯한 여러 촌락이 흩어져 있는 꽝아이의 손미지역이 남베트남 민족해방 전선의 수중으로 들어갔다. 미군은 이 촌락들에 대해 대대적인 반격을 결정했다. 오란 K 헨더슨 대령은 "거기 가서 확 쓸어버려"라고 지시하였다.

[3] 프랭크 A 베이커 중령은 1대대에게 가옥을 불태우고 가축을 죽이고 농경지를 불사르고 우물을 폐쇄하라고 명령하였다.

[4] 작전 전날 저녁 중대장 어네스트 메디나는 손미에서 시장이 철시되는 오전 7시까지 남베트남 해방전선이거나 동조자로 의심되는 모든 민간 저항군을 몰아낼 것이라고 작전 개요를 중대원들에게 설명했다.

후일 메디나는 이 작전 계획이 여성이나 아동까지 포함되는 것은 아니었다고 진술하였으나 작전에 참여했던 소대장과 병사들은 자신들이 여성이나 아동, 가축을 가리지 않고 손미지역의 모든 것을 게릴라 용의자로 간주하라고 지시받았다고 진술하였다.

[5] 다른 두 중대가 미라이지역을 포위하는 동안 찰리 중대는 1소대를 선두로 미라이에 진입하였다.

1968년 3월 16일 아침 찰리 중대는 공격용 헬리콥터를 통해서 소구경

대포와 함께 미라이에 진입했으나 적군을 찾을 수 없었다. 미군들은 가옥을 수색하여 사람들을 마을 한가운데로 몰아세우고 자동화기로 학살하였다. 1소대는 70명에서 80명의 사람들을, 2소대는 미라이 북쪽 미라이 4촌락에서 60명에서 70명의 사람들을 학살하였다. 3소대는 도피하는 '적'을 추적하여 12명의 여성과 아동을 사살하였다.

찰리 중대가 작전완료를 보고하자 4대대가 미케 4촌락에 도착하였으며 90명 이상을 학살하였다. 이후 이틀간에 걸쳐 두 대대는 작전 지역의 가옥과 우물을 파괴하였다. 거긴 완전히 피범벅이었다. 지옥이 따로 없었다. 헬리콥터 조종사 허그 톰슨 Jr. 일급 준위는 작전지역을 비행하다가 노인, 여성, 아동으로 이루어진 비무장 민간인이 죽어있는 모습을 보았다. 그는 그들이 저항을 했다는 흔적을 찾을 수 없었다. 또한 그는 비무장 여성이 사살당하는 장면을 직접 목격했다. 톰슨 준위는 곧바로 무선으로 도움을 청하고 그곳에 착륙하여 자신의 헬리콥터에 부상자와 시체를 가능한 실어 옮기겠다고 말하고 도움을 요청했다.

그러나 1소대장 캘리 중위는 "명령에 따른 것일 뿐"이라며 그의 요청을 거부했다. 톰슨 준위는 파여진 구덩이에 들어가 있는 여성과 아이들을 발견했으며 2소대장에게 그들에게 발포할 경우 응사할 것이라 경고했다. 그는 여성과 아이들을 헬기에 실었다. 톰슨 준위와 동료들은 그들을 실어 나른 뒤 다시 미라이에 돌아와 시체들 속에서 4살이 채 안 돼 보이는 소년을 구할 수 있었다. 1994년 미국은 톰슨에게 군인훈장을 수여하였다.

아래 첨부하는 글은 베트남에 거주하면서 구수정이 자행하고 있는 가증스러운 반민족 반국가적 행위를 낱낱이 파악하면서 통탄함을 넘어 어떻게 하든지 그 허구성을 전 국민, 아니 자유세계에 알리고자 그녀의 행위를 세세하게 분석하고 논리 정연하게 반박하는 글을 썼으나 세인들의 무관심 속에 널리 알려지지는 못한 듯하다. 그리하여 필자는 이런 강기웅의 논리(論理)를 일반 전우들도 꼭 알고 터득할 필요가 있다는 생각에(강기웅 전우의 승낙을 받아―2018. 2. 19. 고홍경, 강명식 전우 배석) 여기에 싣기로 한 것이다.

또한 지난 2월 22일 원로회의에도 초청하여 저간의 사항에 대해 설명을 요구했던 바 강 전우의 말씀이 30분 가까이 이어지자 우리 위원 중에서 일부는 다소 지루하게 여기는 분이 있었는데 사안이 너무도 중대한 만큼 다소 지루해도 우리 전우들이 강기웅 전우의 논리를 익혀야 한다고 확신하기에 조리가 명쾌한 명문(名文)을 필히 읽어보기를 간곡히 권하는 바이다.

🌸 구수정을 향해 던지는 사자후(獅子吼)

1. 구수정의 주장이 사실이 아니라는 결정적이고 객관적인 이유

(1) 구 씨의 주장에는 대량학살을 입증할 그 당시의 공인될 만한 구체적 증거와 결정적 물증이 없다.

강기웅

[가] 형사법적 사건 사고뿐 아니라 사회에서 발생하는 어떤 일도 사실을 규명할 때 그것을 입증할 증거가 있어야 한다. 객관적 증거를 얻지 못하면 그 사실들이 진실이라고 단정될 수 없기 때문이다.

한국군에 의해 9천 명 이상이 대량 피해를 입었다는 베트남 양민 학살에 대해서 구 씨는 국제법상으로 이를 입증할 책임을 갖게 된다. 베트남 당국과 마을 사람들의 순전한 자금에 의해 건립된 박물관과 그곳에 1,200여 점의 관련 증거물들이 전시되어 있기 때문에 국내외 관광객이 모인다는, 미군에 의해 504명이 피해를 입었다는 썬 미 성지마을에서 발생한 미라이 학살사건처럼, 세계 전쟁사가 공인하는 구체적이고 객관적인 물증을 제시해야 할 것이다.

[나] 구 씨가 어설프게 내놓는 위령 비석들은 1992년 한−베 수교 이듬해 구 씨가 베트남에 들어온 이후에, 그녀를 후원하는 사람들이 자금을 지원하여 주로 만들어진 것들이며, 소위 마을사람 증언이라는 것도 전쟁 당시 7~8세의 어린 나이였던 사람의 말이라 신빙성을 가늠키 어려워 객관성이 전혀 없는 불명확한 주관으로 채워져 있다. 증언이라는 것도 뒷받침되는 합당하고 보편타당성 있는 객관적 근거나 증거가 있어야 그 증언이 효력을 갖게 되는 것이다.

(2) 한국군이 자행한 것으로 판명된 대량 양민 학살에 관계되는 최종의 세계적 베트남 전쟁사나 당시의 국내외 언론 보도와 여론 등의 공인된 기록이 없다.

천인공노할 많은 숫자, 9천 명이 넘는 무고한 양민들이 당시 학살 피해를 당했다면 504명의 미군에 의한 미라이 학살에도 분노의 소리를 퍼부었던 세계 언론과 여론들이 엄청나게 큰 난리를 쳤을 것이고, 세계 각국의 언론 매체들이 대서특필로 한국의 만행을 연일 맹비난함은 물론, 한국과 미국, 사이공 정부 간에 국제적 외교 문제로 크게 비화돼 결국 한국군 전체의 신상에 큰 위협이 됐을 뿐 아니라 사이공 정부의 전체 국민들이 "따 이한 고 홈"을 외치는 데모와 그에 대한 신문 기사가 천지를 뒤흔들었을 테고…, 그때의 그 국제적 만행 기록과 언론 보도 자료들이 오늘날까지도 그대로 남아서 국제무대에서 우리들의 발목을 움켜잡고 있을 것이다.

이제 구 씨는 근거가 없는 허무맹랑한 주장이 아닌, 세계 전사나 당시 언론에 확정된 바 있는 한국군의 대량 양민 학살 사건에 관한 구체적이고 객관적인, 그리고 신뢰성이 있는 공인된 국제적 입증 자료들을 제시해야 할 것이다. 그렇게 하지 못하면 거짓 사실들을 유포해 월남참전자들과 국가의 명예를 짓밟아 버린 행위 등에 대한 엄중한 법적 책임을 면키 어려울 것이다.

(3) 한국군에 의해 학살 피해를 입었다는 마을들은 한국군의 작전 책임 관할 지역이 아니다.

[가] 구수정 씨가 학살 마을로 명시한 지역은 한국군 작전 책임 관할 지역이 아니고, 월남 사이공 정부군 22사단 41-47 연대 작전 책임 관할 지역이었다. 당시 중부지방 격전지 고보이 평야, 뚜이호아 평야, 이 일대는 험준한 산세 지형을 거점 삼아 주둔했던, 북쪽 하노이 정부군과 남베트남 민족 해방 전선의 군사적 전위부대(VC) 총사령부의 군량미 조달 라인으로 이용되었던, 곡창지대였던 관계로 월남 사이공 정부군 중 연대 본부 수가 가장 많은 사이공 정부군 22사단이 전원 투입되어 작전을 총 책임 맡아 직접 관할하고 있었다.

[나] 당시 이 지역은 작전상 가장 중요한 군사 요충지였기 때문에 사이공 정부군 주도하에 한, 미, 월남군이 합동으로 상호 지원하며 주로 연합작전을 연계 수행하였고, 전술능력이 뛰어난 한국군은 사이공 정부군의 요청에 따라 북쪽의 민족 해방 전선 전위 부대 게릴라 전사들이 전부터 완전히 장악하고 있었던 이 지역을 완전히 평정, 회복시킨 후, 미개통 1번 국도와 간선 국도의 개통, 광활한 곡창지대 경계, 농민 재산 보호 등의 방어적 작전 개념으로 작전을 전개하며 대민 지원 업무에 주력하였다.

대민 지원의 성과로 인한, 빈딩성의 각 마을 주민들에 의한 한국군의 근무 지역 이동을 반대하였던 당시의 청원서들이 지금도 보도 자료로 남아 있다. 구수정이 말한, 한국군에게 적개심을 가졌던 마을과 그 마을에 살던 양민들은 베트남 격전지인 빈딩성과 푸이엔성, 꽝응아이, 꽝남성, 그곳에는 그 당시, 적색 마을에 사는 민간인 게릴라 전사(VC) 외에는 아무도 없었다.

(4) 감춰질 수 없는 공개된 전쟁터라 비밀이 보장 안 된다.

[가] 각 전선, 특히 중부지방 격전지마다에는 특종을 사냥하려는 세계에서 모인 종군기자와 베트남 유력 언론 매체들이 틈만 나면 진을 치고 늘 대기하고 있었는데, 언론 활동이 아주 자유로웠기 때문이다.

[나] 전쟁 상황이라 남쪽 사이공 정부 각 지역의 성장과 군수들은 군 고급 장교들이 책임자로 임명되어 있었는데, 그들은 담당 지역의 민원 행정과 군사 작전 체계의 원활한 융합을 유지할 목적으로, 관할 지역에 산재해 있는 외국 연합군의 월남어 가능 연락 장병을 각 군청에 상주시켜, 관내 군사 작전 현황 파악과 관련 업무의 상호 협조를 일상으로 실시하고 있었다.

[다] 베트남인들은 그 당시에도 양민 학살 같은 인명 피해는 말할 것도 없고 자신의 재산 등에 부당한 피해를 입으면 두려움 없이 그들의 관청에 바로 달려가 항의로 문제를 제기하는, 그런 용감성(?)을 가진 민족이다.

예를 들면 자신이 기르는 소 한 마리가 연합군의 차에 약간 다쳐도 관청에 신고하고 소문을 내어 가해자를 찾아낸 후 소 한 마리 값을 반드시 보상으로 받아낸다. 또 다른 예 중 하나는 야간 작전 중 총에 맞아 죽은 소도 어김없이 군부대로 찾아와 소 값을 받아 갔는데, 채 사령관의 방침에 의해 좋은 뜻으로 소 값의 2~3배를 물어 주었다.

[라] 베트남 사람들의 주저함이 없는 적극적인 성격과 구수정처럼 무조

건 한국군에게만 편향적이고 악의적으로 뒤집어씌우는 학살 주장, 이것을 대표할 수 있는 사건의 한 사례를 소개하면, 월남의 중북부 꽝남지역의 퐁니·퐁넛이라는 마을에서(미군이 지원해 주던 피난민의 전략촌 마을로 추정) 월남인 74명이 희생되는 사건이 일어났다. 그러자 마을 주민들이 베트남 언론에 공개한 후, 행정 관청에 달려가 어떤 사람들은 "한국군 복장을 한 군인들이 마구 총을 쏴 사살했다"고 하고, 또 다른 어떤 이들은 "하늘에서 갑자기 큰 포탄 수 발이 날아와 마을에 떨어지면서 사람들이 죽었다." 그러면서 소리 질러 아우성을 치고는, 사이공 정부와 국회 고위층 요로에 탄원서를 제출하는 등의 격렬한 항의 시위를 함으로써 월남 사회가 발칵 뒤집혔다.

이 탄원서의 내용들은 미국의 군사 전쟁 문서에도 기록되었고, 한국군 부대가 관련된 것이 아닌가 하는 외교적 풍문에 따라 박정희 대통령과 한국군 당국의 특명에 의해 그 당시 마을 주변에서 작전을 수행했던 청룡부대 장병들이 여러 차례 군과 한국 정부의 전문 조사기관들에 불려가서 강도 높은 집중 조사를 받았으나, 그날 북쪽의 상대방 군이 북으로부터 호치민 루트를 타고 남쪽으로 내려와 은둔해 있었던 그 산 중턱에 쏟아 부을 함포 사격의 관측을 위해 그곳에 배치되어 있던 미군들과 함께 주변의 수색 임무를 수행하던 중, 관련 마을 입구에서 부비츄랩으로 아군들이 피해를 입자, 진입 허가를 받은 명령에 따라 진상 파악을 위해 마을 안으로 정찰하면서 통과했을 뿐이라는 대체적으로 일관된 해당 장병들의 진술들로 인해 정확한 진상을 규명하지 못했다.

다른 한편으로는 월남 사이공 정부와 미국은 주월 미군사령관 대장 웨스트 모어랜드 장군의 요청에 의해 미, 월 군사 합동 특별 조사단을 긴급 구성해 사건 현장에서 심도 있는 물증 조사 등을 오랜 기간 수차례 벌였으나 한국군이 학살 사건에 연루되었다는 확정적 증거를 얻지 못하고, 간간이 한국군이 근무하는 다른 작전 지역에서도 그러했던 것처럼 한국군 복장으로 위장한 상대방 군의 소행인지, 아니면 월남 전쟁에서 대민 지원을 통해 지역 평정 임무를 성공적으로 담당하는 한국군의 작전을 근원적으로 방해할 목적 등으로 월남전에 참전했던 북괴 심리전 특수군 전투 요원들의 위장 전술에 의한 침투 공작인지, 또는 한국군의 포대나 미군 함대로부터의 오인 포격으로 인한 피해인지를 장기간 실시된 이 사건의 조사는 그 원인을 정확히 밝히지 못한 채 종결되었다.

이 사건 조사가 최종 결론을 얻지 못한 것은 위에 명시한 여러 원인적 정황들이 거의 동시에 발생할 수 있었던 상황의 개연성과 그에 따른 사건 현장의 주민과 주변 관계인의 진술이 서로 일치하지 않았기 때문이다.

이 사건은 이렇듯 엄밀한 한국, 월남, 미국 군당국들의 조사 과정이 있었고, 또한 당시 사이밍턴 미 상원 소위원회와 미국 정보 랜드 보고서의 자료 내용에 이 사건 의혹과 한국군에 대한 일반적 의견 개진 정도의 내용만 포함되어 있었음에도 불구하고 구수정과 그 동조 세력들은 이 자료들이 마치 한국군이 이 사건에 연루된 것으로 확정하고 단정한 것으로 왜곡하고는, 무조건 이 마을 사건을 한국군 양민 학살로 누명을 씌우는 못된 짓을 하고 있는 것이다. …(하략)…

2. 구수정 씨가 일본 언론 등에 밝힌 양민학살설에 대한 주요 쟁점별 정황 해석과 반론

(1) 당시 어린애였던 생존자로부터, "한국군이 토끼 사냥하듯 마을 사람들을 뒤로 묶어놓고 수류탄을 던졌다. 막 태어난 아이를 40명 넘게 처참하게 살해했다. 기관총과 수류탄으로 마구 살해했다. 동굴로 도망간 마을 사람들을 최루 가스로 태워 총살하기도 했다"는 이야기를 들었다.

(2) 주로 민간인을 학살한 것은 맹호부대였다. 학살 방법은 대부분 마

을 사람들을 모아놓고 수류탄과 기관총으로 살해, 때로는 칼로 참살했다. 고자이 마을에서는 300명 이상의 주민이 한 곳에 모여 1시간 동안 단 한 명도 살지 못하고 모두 살해당했다.

이런 주장에 대해서;

[가] 구 씨의 표현에 의하면 한국군은 당시 무법천지인 월남 땅에서 안하무인격으로 악의를 품고 악을 행하는 잔인한 살인마인 것이다. 남쪽 사이공 정부가 생명과 재산을 보호해 주고 있는 자기 나라 국민들이 악독한 살인마들인(?) 한국군의 천인공노할 만행으로 그렇게 처참하게 학살을 당하는 어마어마한 사실들에 대해 사이공 정부는 한국군에게 당시 어떤 항의와 강력한 제재조치를 취했는지, 비밀이 보장되지 않는 나라에서 그 학살 사건 이후에 어떤 놀라운 정황이 발생했는지를, 구 씨가 한 마디도 입에 담지 않는다는 것은 이것들이 자기가 만든 가상 시나리오이기 때문일 것이다.

미라이 학살 사건 현장에서 나온 수많은 물증 같은 그런 것도 없고, 신뢰되는 세계적 공인 기록도 없는 그런 사실들을 진실이라고 구수정 씨는 부끄럼 없이 말하고 있다. 그것은 그녀가 베트남 전쟁과 베트남 민족 그리고 역사의 진실들이 요구하는 기본 요소들에 대해 아직까지도 많은 것을 모르고 있다는 의미일 것이다.

그 당시 월남 전쟁의 주역은 남쪽 사이공 정부와 북쪽의 하노이 정부였다. 동맹군과 연합군들은 이들을 측면 지원하는 역할을 했을 뿐이다. 실제적 전쟁 작전권은 누가 뭐래도 자존심이 강한 남북의 두 나라 정부가 각각 쥐고 있었다. 협력을 위해 월남에 파병된 외국군들이 자기 나라 국민들을 마구 학살하는 데도 수수방관하고 묵인하는 그런 무기력한 허수아비 정부가 아니었다. 콧대가 아주 센 못 말리는 정부였다는 것을 전 세계 사람들이 모두 알고 있는데 구수정과 그리고 그녀의 어떤 마력에 끌려 무조건

끌려 다니는 사고력이 형편없는 미숙한 사람들만 모르고 있는 것이다. 구씨는 자신이 입버릇처럼 내뱉는 역사 규명이라는 그 난해한 대작업들을, 아이들이 시장마당 터에서 놀며 즐기는 공기놀이쯤으로 알고 있는 것이다.

[나] 사이공 정부군의 군사적 상호 협조를 받고 있는 외국군은 남쪽의 양민이 살고 있는 안전 마을에는 정당한 사유를 사전에 알려 승인 받지 않고는 병력이 마음대로 진입할 수가 없게 되어 있다. 구수정 씨는 전쟁 당시 남쪽 땅에서 확연히 구별했었던, 전쟁에 관여치 않은 양민이라는 사람들이 누구인지, 전쟁에 관련되었던 군복은 안 입고 무기를 들었던 민간인들이(전위부대 V.C 연관 조직과 이에 대응하는 남쪽의 지역 민병대 조직) 누구인지를 정확히 배우지를 못한 것이다.

(3) 증언에는 한국군에 의해 여성이 강간을 당한 얘기도 있었다. 그러나 그녀들의 대부분은 살해당했기 때문에 피해자의 직접 증언이 극히 적었다. 빈턴이란 마을에는 학살이나 강간하는 모습이 리얼하게 그려진 벽화가 있다. 베트남인의 한국군에 대한 원한을 나타내는 벽화이다.

(4) 전시에 마을에 남겨진 것은 여성과 아이들, 노인뿐이었는데 한국군은 이런 마을에 들어가서 학살을 반복한 것이다. 내 조사에 따르면, 피해자는 9천 명 이상이었다.

어느 마을의 피해자를 분석해 보니 막 태어난 애를 포함해 아이들 20%, 여성 60~70%를 차지하였다. …(중략)… 갓 태어난 아이가 한국군의 수류탄에 살해당했다. 작은 몸이 조각조각 나서 팔이 나무 위에 걸려 있었다.

이런 주장에 대해서;

[가] 구 씨는 한국군의 잔악성을 극대화 시킬 목적으로 막 태어난 아이까지 거론한다. 이런 잔인한 묘사와 표현 수법은, …한국 전쟁을 일으킨 북한 정권이 당시 적대 관계로 서로 싸웠던 미군이나 한국군을 증오의 대상으로 삼기 위해 그들의 선전물, 또는 인민의 사상 교육을 위해 만든 북한의 전쟁 박물관 등에 상습적으로 전시하는 묘사 내용과 형상들, …그것들과 하나같이 동일하다. 그것이 그대로 복제된 것 같다는 느낌을 강하게 풍긴다. 그리고 이전까지는 별로 거론치 않던 여성의 피해를 일본 기자에게는 힘주어 더욱 세밀히 설명을 한다. 여성 피해자의 증언이라는 것도 실제로는 없는데 구 씨는 자신이 스스로 창안하여 그림 그리는 현지 월남인에게 의뢰해 그리게 했던 '한국에 대한 원한이 피어나는 벽화'를 그녀의 유일한 증거물로 내세우고, 한국군이 여성에 대한 집단적 성폭력을 저질렀다는 악독한 광기를 내비친다.

이처럼 의도적으로 조작해 여성 피해를 거론한 구 씨는 이런 엄청난 기사를 읽고 난 대부분의 일본인들은 "일본군 위안부 문제에서 이슈가 되는 여성 인권과 인도주의를 한국이 감히 말할 자격이 있는가?"라는 일본 정부가 지금 꺼내고 싶은 논조에 동의할 것이며, 한국인인 나 자신도 일본인들의 그런 생각을 전적으로 동감한다고 일본 기자에게 맞장구를 쳤다. 그뿐 아니라 그녀는 한술 더 떠, 구 씨에 의해 밝혀지고 공개된 한국군의 범죄 행위를 모른 체하는 역사의식과 여성 인권 발언을 연속 해대는 한국 대통령이 대단히 문제가 있다는 식으로 구 씨의 생각을 단정적으로 일본 사회에 쏟아내었다.

(5) '양민 학살의 이유는 한국군 기지를 만들기 위해서였다.'

기지 주변에 마을이 있으면 집에 적이 잠복하기 쉽기 때문에 마을 사람들을 전략촌으로(적색 마을에서 귀순한 사람들 보호하는 마을) 무조건 이주시키려 했지만 대부분 이주하지 않아 한국군이 선택한 방법이 학살이었다는 궤변에 대해서;

자유월남 국민들의 안전한 거주와 생업 보호를 위한 명분과 목적을 가지고 전쟁에 참여한 한국군이 남쪽 국민을 대량 학살한 동기와 이유가 기지 건설 때문이라는 논리는 참으로 합당치도 않은 몰상식한 궤변이다.

구 씨는 이 주장에서 한국군을 빈대 한두 마리 잡으려고 집을 태우는 바보로, 어디든지 적이 잠복해 있는 전선 없는 전선에서, 용맹스럽게 임무를 수행하는 한국군을 겁쟁이 집단으로 폄훼하는 불손함을 보인다. 당시 농촌의 어느 마을이든지 수시로 불순분자들이 몰래 드나들 수는 있었던 상태이고, 주민의 신고나 사이공 정부군의 철저한 감시 때문에, 적색 마을이 아닌 다른 마을들에는 상대방 적이 잠복하는 게 아주 어려웠고, 집안에 상대방이 잠복하기 쉬운 마을은 소위 말하는 적색 마을뿐이었다. 그래서 사이공 정부는 적색 마을 사람들의 귀순을 위해 전략촌을 만들어 이주를 시키는 일에 모든 정성을 쏟았다.

구 씨는 그 전에도 암암리 그랬을 것으로 여겨지지만, 학살 사건을 본격 공개한 이후로 한국으로부터 관심과 호응을 받았고 그녀의 주장에 화답한 사람들이 지원해 준 자금으로 피해 마을이라 불리는 주민들과 합심해 증오비 같은 위령비와 비석, 벽화들을 만들어 놓았다. 그리고 이 무대 현장에 완장을 차고 우쭐대는 구 씨의 열렬한 안내를 받고 한국에서 몰려온 반국가 활동에 관심이 많은 평화론자(?)들이 한국군의 만행이란 걸 회상하고자 수시로 선물 들고 찾아와 계획된 위령제를 지내곤 한단다.

구수정 씨는 한국군의 만행 현장들을 확인하고 싶어 하는 한국의 자칭 평화주의자들을 직접 그곳에 인솔해 가는 동안 자기 조국과 민족은 자동차 밑바닥에 내동댕이치고 평화의 사도인 양 그럴듯한 미사여구를 늘어놓으며 몽환병에 걸린 사이코처럼 보통사람으로서는 이해하지 못할 쾌감을 느끼고 있는 것이다.

맺는 말

그동안 구 씨가 주장한 것들은 현 베트남의 관련 일부분 일방적 자료를 소재로, 자신이 가상 시나리오를 만들고 각색, 연출해 한국군이 근무했던 주변 마을들을 무대 현장 삼아 당시 나이가 어려 피아 식별과 정황 파악이 분명치 않은 사람을 일방적인 주증언자로 하고 마을 주민들을 협조자로 설정하여 그럴듯한 자기대로의 작품을 제작, 그것을 이용해 돈을 벌기 위한 수단인지, 어떤 또 다른 목적이 있는지는 알 수 없으나 자신 스스로 사건 사실을 조작, 왜곡했다는 결론을 얻었다.

이제 이런 자신만의 불순한 어떤 목적을 위해 거짓 사실을 유포해 조국의 이름을 더럽히는 반국가 행위, 민족의 명예를 실추시키는 패륜적 행실을 더 이상 좌시하거나 방치해서는 안 되며, 이것은 이번 기회에 반드시 근절되어야 할 것이다. 또한 그녀의 뒤에 숨어 함께 그녀를 조종하여 반국가적 활동을 일삼는 자들을 그냥 묵인해 두면 그 허위 사건은 진실로 간주되고, 호미로 막을 일을 앞으로는 가래로도 못 막아 내는 우를 범하게 될 것이다.

이들은 베트남에서 지금, 한국어과를 다니는 베트남 학생들을 접촉하여 한국군의 만행을 확산시킬 작업을 하고 있으며, 또 한국군 민간인 학살 피해자라는 검증되지 않은 베트남 사람들을 한국에 처음으로 초청, 한국에서 강연 행사(반국가 활동하는 불순세력들이 그들의 숨겨진 어떤 목적을 위해 건립 추진하는 평화라는 이름의 박물관 주최)를 통해 한베 양국 간을 韓日의 위안부 문제 같은, 그런 형태의 갈등으로 발전시킬 연결 고리가 되는 기폭제 생산을 위한 계획을 세우고 있는 중이다.

더욱이 이들의 음모와 모략 수법이 놀라운 것은 종전의 양민 학살이라는 용어를 쓰지 않고 양민 대신 민간인 학살로 사용한다는 것이다. 숨겨진 그럴 이유가 있었겠지만 그것은 제 꾀에 자기가 넘어가는 결과를 가져온다. 그들이 말하는 민간인들은 총을 들고 미군과 한국군에 대항해 전투를 감행하며, 적색 마을에 모여 살고 있었던 민간인 전사들이기 때문이다. 월남전쟁의 특징과 본질을 정확히 모르는 구 씨 일당은 이런 민간인 게릴라 전사들을, 피해를 당해서는 안 되는 양민으로 둔갑시켜, "민간인 학살 피해(자)" 운운하며 설쳐대는 것이다. 그런 논리라면 월남전에 연합군으로 참전했던 미군을 포함한 다른 나라 군인들도 양민을 학살한 살인자들이 되는 것이다. 구수정 일당의 사주를 받고 한국을 처음 방문한 피해자라는 사람은 오마이 뉴스 기사를 통해 자기와 자신의 가족이 누구인가를(해방 전쟁의 전사) 스스로 밝힌 것이다.

이제는 우리 모두가 게릴라 전사가 아닌 민간인, 즉 양민에게는 구수정이 말하는 그런 피해를 입힌 사실이 없었다고 분명히 말을 해야 한다.

이들의 굿판에 제동을 걸어야 한다. 그렇지 않으면, 거짓 사실들은 더 크게 확대가 되어, 글로벌시대에 국가들 간의 불행한 과거가 아닌 미래지향적 유대 관계로 서로가 협력 발전해 나가는 데 치명적 장애물이 되고, 우리를 큰 곤경에 빠트릴 것이다. 그 뿐만 아니라 국민들 상호간에 돈독해진 친선 우호 관계를 이간질시킴으로써 국민감정들을 악화시키는 매개체 구실을 하게 될 것이다. 반국가, 반민족적 행위로 규정할 수밖에 없는 이런 거짓 선전활동을 행하는 자들의 농락을 우리가 더 이상 허용해서는 안 되는 이유가 여기에 있다.

글쓴이: 베트남을 집중 연구하는 전문연구원 강기웅
작성일: 2015. 1. 30
※ 이 '강기웅의 사자후' 는 이 책의 발행 취지와는 다를 수 있습니다. (저자)

필자가 외람되이 강기웅 전우의 글 뒤에 한 마디 첨언한다면 구수정의 말과 글은 일언이 폐지하고 허구허언(虛構虛言) 날조(捏造)이다. 증거물이 없고 증거를 대지 못하기 때문에 입증이 안 되는 것이다. 강기웅 전우는 그러한 구수정 논리의 허구성을 낱낱이 빈틈없는 논리로 통렬히 공박하고 있는 것이다. 그리고 진실을 알고 있는 우리가 아직 살아있지 않은가?

　사실 1973년 한국군 철수 시 자유월남 정부와 국민은 한국군이 더 남아주기를 희망했었다. 그것은 사령관의 지휘방침이 전투에는 30%, 대민친선활동에 70%의 노력을 기울인 덕분이기도 했다. 특히 경로잔치는 예의를 숭상하는 우리와 그들의 국민정서가 꼭 닮았기 때문일 것이고, 유치원이나 초등학교 보수작업 등은 모든 민간주민들에게 호감을 주는 과업이었다.

　특히 민간인까지 진료해 주는 국군병원 운영은 히트했다. 그래서 그들은 "따이한 박사 최고"라며 엄지손가락을 지켜세우는 모습을 우리에게 만날 때마다 보여줬던 것이다(월남인들은 의사를 보고 박사(博士)라고 불렀다). 이러한 한국군이 양민들을 무더기로 학살했다는 말은 천부당만부당한 것이다. 구수정 일당의 양민학살설 유포는 일종의 반국가운동이라고 보아야 한다. 따라서 참전용사인 우리들만 이 문제에 분노하며 골치를 썩힐 일이 아니다. 국가의 일이기도 하기에 정부가 나서 이들의 몰지각한 행동을 저지하고 도가 지나칠 때는 강력히 처벌하여 일벌백계로 이런 일이 재발하지 않도록 하는 것이 마땅한 일이다.

　구수정은 스스로를 의로운 척 전방위적 활동(?)을 펴고 있지만 기실은 반민족 반국가적인 행위자에 불과하다. 구수정은 자신의 나라를 욕되게 하면서 정의(正義)를 세운다는 환상에 빠져 있는데 그녀의 행위가 결코 의로운 것이 아니라는 사실을 하나의 실례를 들어 비교하고자 한다.

　1930년대 일제 강점기에 군국주의 일본의 혹독한 가렴주구에 반발한 나주(전라남도) 농민운동이 일어났다. 이 때 일본인 후세 다쓰지(布施辰治)라는 변호사는 시위(示威)로 치안유지법에 걸려 일본 경찰에 체포된 나주(羅州) 농민들을 변호하고 일본의 가혹한 조선의 농업정책에 대하여 시정할 것을 요구함으로써 국수주의적(國粹主義的)인 일본인들의 혹독한 비난을 받았다.

그는 어엿한 일본의 변호사, 상류사회의 일원으로 남부러울 것이 없는 인사였음에도 자신의 신념과 양심에 입각하여 자신이 피해를 감수하면서 일본의 잘못을 고발하며 피지배자인 나주 농민들의 어려운 사정에 대하여 변호하고 도움을 주기 위한 다각적인 노력을 했던 것이다. 이런 것을 의롭다고 하는 것이다.

🍃 참전기념탑(塔) 세우기

따이한 클럽이 출범하면서 월남참전전우들을 결집시키는 모티브를 제공한 것은 「참전기념탑」을 세우는 것이었다.

화려하고 거창한 조감도는 참전용사들의 마음을 설레게 했다. 단체가 태동할 무렵 초창기만 해도 전우들은 순수해서 무슨 전투수당이다 보훈수당이다 하는 문제는 염두에 없고 참전의 추억과 명예만을 생각하는 천진한 사람들이어서 저렇게 훌륭한 기념탑을 세워 놓고 그곳에서 전우들과 만나는 일만이 최상의 기쁨이라고 생각했던 것 같다.

처음 단체 발기인들이 구상해 작성한 조감도를 보면 규모가 매우 크고 화려해 그것을 조성하는 데는 엄청난 예산이 소요될 것이었다. 그래서 단체를 시작한 지도 30여 년이 지났지만 애초에 꿈꾸던 기념탑은 세우지 못

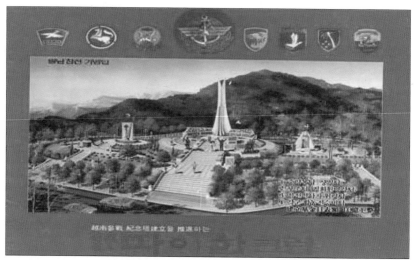

따이한 클럽의 발기인들이 구상한 기념탑의 조감도

하고 박세직 회장이 들어와 단체를 이끌 무렵부터 각 지방에서 제 나름의
역량에 맞는 규모로 기념탑을 조성하게 되니 그 때 단체 이름이 「대한해

제막을 기다리는 기념탑 앞에 이세호 장군, 조주태 장군, 안주섭 보훈처장관, 김완주 전북도지사, 송
하진 전주시장 등이 도열해 있다.

외참전전우회」라서 탑의 명칭도 「해외참전기념탑」이라고 세운 곳이 태반이다. 대표적인 예로 경남 진해에 안진수 지부장이 지자체로부터 지원받은 5억여 원의 자금으로 세운 기념탑이 가장 크고 모양새도 훌륭한 것으로 알려지고 있는데 「해외참전기념탑」이다. 그리고 당시 충청북도 지사를 역임한 민태구(예육 준장) 지부장이 활발하게 활동하면서 각 시군에 여러 기(基)의 기념탑을 세웠는데 탑의 명칭이 모두 해외참전으로 되어 있다.

덕진공원의 월남참전기념탑

다음으로 채명신 사령관이 회장으로 있던 베트남참전전우회 시절에 세운 기념탑이 있는데 하남시에 지용수 지회장이 세운 탑과 김천시에 세운 탑, 그리고 논산에 6.25무공수훈자 베트남참전이 합동으로 세운 탑들이 모두 「베트남참전기념탑」으로 되어 있다.

그중에 유일하게 「월남참전기념탑」으로 되어 있는 곳이 있는데 이는 하대식 전우가 창립한 사단법인 월남참전전우복지회에서 전주시 덕진공원에 세운 탑이다. 이 탑은 하대식 회장이 현금남 전우에게 회장 바통을 넘겨주고 자신은 전북도의회 부의장이 되어 도(道) 시(市)로부터 예산조달에 힘을 쓰고 실제 공사 등 기념탑 조성작업은 현금남 회장이 시행하는 합동 노력으로 화려한 탑을 세우고, 이세호 사령관을 초청하여(조주태 장군이 동행) 제막식을 거행함과 동시에 지방 현충시설로 등재하였다.

제막식 축사

존경하는 전라북도 도민과 이 고장 출신 전우 여러분!

전라북도는 산자수명한 아름다운 고장일 뿐더러 광활한 호남평야는 우리 국민들의 양식을 제공하는 생명선으로 옛날 충무공 이순신 장군께서는 "호남이 없으면 조선도 없다"고 하신 말씀이 이를 두고 하신 것으로 생각합니다.

그리고 이 고장은 충효의 고장이며 훌륭한 문인도 많이 배출하였습니다. 특히 이곳 출신인 의병장 정재(靜齋) 이석용 장군의 뛰어난 애국심과 기개는 온 국민의 귀감이 되고 있습니다. 이러한 고장의 전통에 힘입어 전라북도 전우들이 월남전선에서 세운 수훈에 대해 이 자리를 빌어 다시 장하다는 말씀을 드립니다.

우리가 8년 6개월 동안 월남전선에서 세운 공적은 역사에 바로 기록되어 후세에 길이 빛나야 하며 이 기념탑이 애국심 고취와 국가안보를 고양

하는 산교육의 도장으로 활용되어야 할 것입니다.

이 기념탑을 세우는 데 물심양면의 지원을 아끼지 않으신 안주섭 보훈처 장관님, 김완주 전라북도 지사님과 송하진 전주시장, 전라북도의회 의장 이하 의원님들과 관계관 그리고 그동안 수고한 전우들의 노고에 새삼 감사하다는 말씀을 드립니다.

끝으로 이 자리에 참석하신 전라북도 도민, 전주시민, 내외 귀빈, 참전 전우 여러분에게 감사를 드리면서 축사에 갈음하고자 합니다.

2009년 11월 30일

前주월한국군사령관 이 세 호

따이한 만만세 _호암(湖巖) 현금남

- 월남참전기념탑 제막식에 붙여

노령(蘆嶺)의 정기 힘차게 뻗은 全北
동편에 덕유(德裕) 지리(智異) 명산이요
서편엔 봉래 방장 두승의 三神山이라

섬진강 상류수(上流水) 운암강이 흐르고
동진 만경 호남평야 젖줄을 이루니
천혜의 낙토요 영원무궁 우리 터전일세
옛부터 충효예(忠孝禮) 義氣도 높아
문무인걸(文武人傑) 많았어라

녹두장군 봉기하여 일세를 진동하고
양대박 장군* 섬진에 배 띄워
왜적선 구고, 벌정에서 수장(水葬)시키고
정재(靜齋)* 의병장 애국충혼 호남에 빛났도다

우리 고장 의혈남아들 의기(義氣) 충천
자유평화 지키려 남국의 정글 비호같이 누비니
따이한 만만세 따이한 넘버원
신화를 창조했다 칭송하는 소리 높았다
오오! 장한지고 따이한 용사들
보소서 들으소서 기억하소서
그날의 장쾌한 행렬 빛나는 역사
오래오래 기리자 따이한의 애국충혼!

〈2009. 11. 30. 전주 덕진공원 기념탑에서〉

*양대박 장군: 임진왜란 후기 정유재란 때 왜적 수군 함대가 섬진강 상류
인 운암강을 따라 내륙으로 침공해 올 때 호남의병을 이끌고 왜(倭) 적선
을 함몰시켰다.
임진왜란 7년 중에서 내륙수전(內陸水戰)이 크게 있었다는 것도 생소하
거니와 이렇듯 대승을 거뒀다는 사실이 현재 운암댐 앞에는 '운암대첩
비'가 세워져 입증되고 있으니 또 하나의 특이한 교훈으로 경각심을 갖
게 한다.
*정재(靜齋): 조선 말기의 전북 임실 출신 의병장. 이석용(李錫庸, 1878~
1914)

파월 용사 삼도(三道)축제

 - 경북, 전북, 충북 전우들 모여

월남참전 용사들은 해마다 삼도축제(三道祝祭)를 연다. 삼도축제란 지리산을 공유하고 있는 경상북도 김천시, 전라북도 무주군, 충청북도 영동군 지역에 살고 있는 파월용사들이 해마다 한 곳에 모여 정을 나누며 축제를 벌이는 것을 말한다.

이역만리 월남전선에서 생사고락을 함께했던 파월 용사들은 우리 사회의 고질적인 병폐 즉 편협한 정치인들에 의해 조성된 지역감정을 골육지정의 끈끈한 전우애를 바탕으로 초월해 나가는 아름다운 모습을 보이고 있는데 그 좋은 실례가 지리산 길목에서 열리는 삼도축제이다.

파월전우들은 정치적인 갈등도 전우애로 초월하며 전우회 출신 국회의원들까지도 전우명예 권익문제 등으로 함께 모이면 "전우문제에 여·야

가 없다"고 소리를 높일 정도여서 정치에는 무색무취를 지향해 오고 있는 터이다.

이 삼도축제에는 김천시, 영동군, 무주군 지회뿐 아니라 삼도 지부에서도 참석하여 먼저 가신 전우들에 대한 추념행사를 드리며 이러한 과정에서 살아있는 전우들끼리의 전우애도 다지는 것이다.

올해도 호국보훈의 달을 기해 월남참전기념탑이 세워져 있는 김천시 소재 환경공원에 삼도지역 전우들이 모여 이국의 머나먼 전선에서 산화하신 영령과 선열들의 호국 정신을 기리는 추념행사를 가졌다. 특히 채명신 (베참 회장) 사령관은 이 모임에 대하여 '전우화합의 상징성이 강한 행사'로 여겨 각별한 관심을 가지고 축하했다.

🦋 베트남참전전우회 창립
– 채명신 장군의 전면에 나서다

지금까지 전우회 조직에 직접 개입하거나 전면에 나서는 것을 무척이나 꺼려 왔던 채명신 장군은 32만 파월전우들을 직접 이끌겠다는 결심으로 박세직 해외참전 회장을 불러 전우회에 연관된 제반 사항을 설명하고 침체된 전우회의 복원을 위해 어쩔 수 없는 자신의 뜻을 밝힌다. 채 장군은 전우회의 호칭부터 바꿔 '베트남참전전우기념사업회'로 할 뜻을 두고 이를 위하여 박세직 장군 외에 박경석 장군, 이선호 박사 등 평소 전우회에 관한 한 뜻을 같이해 오던 중진 전우들로 9인위원회를 만들고 새로운 전우회의 구상을 현실화하는 준비를 마친 다음 2001년 4월 16일 잠실 재향군인회 대강당에서 「베트남참전전우기념사업회」의 창립대회를 열고 그 초대 회장으로 취임하였다. 이 때 회의 명칭을 기념사업회보다는 '전우회'로 하는 것이 다수 전우들의 바라는 방향이라는 건의에 따라 재향군인회 본관 7층에 간판을 달 때는 「베트남참전전우회」라는 명칭으로 정식 출범하였다.

이 때 중앙회의 진용을 보면 부회장에 양창식 장군, 사무총장 이강근, 홍보실장 배정(필자), 조직국장 임윤평, 운영국장 박광택이다. 얼마 후 이강근 사무총장이 물러나고 신호철 전우가 사무차장으로 들어와 그 임무를 대신하여 수행했다. 부회장도 양상태 장군, 신원배 장군 등으로 변경되었다. 필자는 이 때 '참戰友'라는 회보를 발간하였는데 여기에 소요되는 재원은 오춘봉(서울지부장), 김영래(서울동작지회장), 남상현(중앙회 이사), 김흔기(중앙회 이사), 권재필(전남지부장) 등 독지(篤志) 전우들이 후원하여 조달했던 것이다. 그 외 교회계통에서도 지원을 해 오는 것으로 느꼈는데 그 내막은 알 수 없고 그 누구도 알려고 하지 않았다.

베참유공 창립총회 및 안보결의대회를 마친 간부들

　다만 각자 호주머니를 열어 사령관님을 도우려 했던 전우들은 자신의 후원이 전우회 발전에 다소나마 기여하기를 바라며 한 일인데 정작 중앙회에서는 사무총장이란 사람만이 혼자서 금전 출납 관계를 움켜쥐고 비공개로 처리하니 투명한 처리와 공개가 요구되는 일을 그렇게 하는데 대한 불만의 소리가 높아졌다. 결국 이 문제가 어느 공개석상에서 불거져 나왔다. 이 때 회장(사령관)께서는 문제를 제기하는 전우들을 향하여 "나는 아무개를 전적으로 믿는다. 동전 한 닢도 허투루 쓰는 사람이 아니다"라며 여론을 잠재운 것까지는 좋았는데 회장 신분의 사령관의 무조건적인 부하신임과 편애는 결과적으로 위대한 장군의 지도력에 심대한 상처를 입히는 결과를 초래했다.

　그래서인지 그 뒤로는 사령관님을 재정적으로 도우려는 전우가 거의 없어진 것 같았다. 여기서부터 전우회의 행보도 씩씩하게 나가지 못하였고 재정상태는 극도로 악화되어 사령관님 부인의 카드까지 빌려다가 제로를 만드는 비례(非禮)를 저지르게 되었던 것이다. 지금도 해마다 11월 25일 채명신 장군의 추도식에 나오시는 문정인 여사의 모습을 뵈올 때마다 그 때 일이 생각나서 안타까운 마음을 금할 수 없다.

이런 와중에 사령관께서 일본에서 구해온 특별한 도서를 일본어를 하는 부회장이 번역하여 출판하도록 했는데 그 내용이 우리 전우들에게는 관심이 많이 가는 소재로 월남의 베트콩인 민족해방전선(NLL) 정부의 법무장관이었던 첸 유탄이 자유월남이 월맹군에게 점령되어 공산화된 지 얼마 되지 않아 숙청의 위기에 몰려 프랑스로 망명하게 되었다. 이 때 일본의 작가 도모다 세끼(友田 錫)가 파리까지 그를 찾아가 1주일간 인터뷰한 것을 책으로 엮어냈는데 그 이름이 『배반당한 베트남 혁명』이다.

이후 사령관님은 전우들이 많이 모이는 곳에 가는 곳마다 강연 중에 첸 유탄의 이야기를 꼭 하였고 이에 전우들은《배반당한 베트남 혁명》이라는 책에 더욱 흥미를 갖게 된 것이다.

이에 일부 이사(理事)들이 도서판매 이익금에서 일부라도 중앙회 운영에 보탬이 되도록 하자는 의견을 냈고 이사들의 건의가 받아들여지지 않자 불만의 소리가 높아졌으며 '이래서는 안 되겠다 이참에 전우회를 개혁해야 한다' 는 목소리를 높이게 되었다. 이렇게 어수선한 와중에 필자도 이번 사안에 대하여 미리 사무총장에게 말한 적이 있기에 불만세력의 주동자로 지목되어 얼마 후 중앙회를 떠나게 되었다.

또 한편으로 재향군인회는 베트남참전전우회와 월남참전연합(황명철) 그리고 특전전우회 등 파월 군소단체를 총통합하여 하나로 묶는 작업을 앞장 서 추진하여 2004년 8월 30일 재향군인회 대강당에서 통합대회를 갖도록 하였는데 이런 시도에 반대하는 월전연합의 하소연(?)을 들은 고엽제전우회에서 '만일 그러한 행사를 연다면 행사장을 부숴버리겠다' 는 엄포성 공문을 팩스로 재향군인회에 보내자 향군은 겁을 먹고 갑자기 강당 사용을 못하게 하였다.

당시 부회장의 일을 맡고 있던 임희진 장군은 신호철 사무차장과 홍보실장인 필자를 불러 "당신들이 향군 조직국에 가서 사태를 해결하라"고 지시(?)를 하였다. 그때까지 여러 날을 걸려 준비한 초청장이며 팸플릿 등 모든 준비물이 휴지가 될 판이었다. 우리는 속으로 생각하였다.

'한심한 장군 같으니! 이런 위기에 강력한 리더가 필요한데 슬쩍 뒤로 몸을 사리다니!' 차라리 몸으로 부딪치는 졸병이 낫겠다는 생각을 하면서, 이제 단체는 장군이 아니라 소총수가 앞장 설 때가 되었다는 것을 절감하여 전우회를 개혁해야 한다는 의지를 더욱 굳히게 되었다.

신호철 차장과 필자는 향군 조직국에 가서 통사정을 하여 원래 계획했던 행사일의 다음날인 8월 31일로 행사 날을 바꿔 치르기로 하고 내려와 예하 조직에 이를 통보하느라 진땀을 뺐다.

이리하여 행사는 무난히 잘 치렀는데 그 뒷말이 많았다. "그게 무슨 통합대회냐? 거짓말 마라"고 월전 측에서 떠들어댔다. 솔직히 필자는 그 말이 맞는다고 인정한다. 월전연합이 참여하지 않은 상태에서 통합이라고 한다는 것은 웃기는 해프닝이 아닌가? 필자는 내가 속해 있는 조직이 그러한 행위를 하는 것에 대해 마음 속으로 부끄럽게 생각하였다.

이런 소란 속에 개혁의지를 품게 된 이사들을 주축으로 동조하는 중견 전우 8~9명이 용산 모처에서 회동하여 이러한 뜻을 필요한 인원에게 알리고 개혁 기구를 편성하기로 했는데 여기서 생겨난 것이 「조직강화특별위원회」이다(이후는 특별위원화라 쓴다).

얼마 후 '특별위원회'는 이화종 전우를 위원장으로, 남상현 전우를 부위원장으로 선임하고 뜻을 같이하는 전우를 규합하였던 바 서울과 수도권을 넘어 영호남지방 간부들까지 가세하여 함께 동참하려는 인원이 아주 많았다. 위원장은 '인원이 너무 많아도 좋지 않고 이 조직은 어디까지 사령관님을 도우며 전우회를 잘 되게 하려는 모임이니 조용히 사령관님을 찾아뵙고 취지를 잘 설명하여 허락을 받아야 하니 20명을 넘기지 말자'고 주장하여 20명으로 구성하고 각기 각자의 능력 범위에서 중앙회운영자금 기부를 약정한 바 삽시간에 1억여 원의 약정額이 이루어졌다. 제1차 '특별위원회'의 모임은 잠실 재향군인회관 뒤편의 장미뷔페에서 열렸는데 이 때의 모든 경비는 이화종 위원장이 부담했으며 남상현 부위원장은 이 자리에서 5백만 원을 쾌척하여 특별위원회의 운영자금으로 사용하게 했다.

이후에 몇 차례의 회합과 사령관님 댁 방문을 통하여 건의사항이 받아들여지고 특별위원회 실무요원들이 전우회 사무실에 출근하여 1주일 쯤 일하면서 무주공산이나 다름없이 된 사무실을 인수하려는 작업을 착착 진행하고 있을 때 갑자기 "특별위원회는 해산하라"는 사령관님의 지시가 떨어졌다. 나중에 알고 보니 공석 중인 사무총장의 비공식 총장 역할을 하고 있던 부산의 이성우가 "위원횐가 뭔가 하는 것들 아무짝에도 소용없으니 쫓아내 버리십시오"라고 하여 그렇게 되었다는 어처구니없는 이야기를 전해 들었다. 이러한 사태는 결국 사령관님의 파월전우회에 대한 리더십의 종말을 초래하고 말았다. 사령관님은 이로부터 이중형 부회장에게 전권을 위임하고 뒤로 물러나면서 얼마 후 회장직까지 내놓고 6.25참전전우회 회장으로 자리를 옮기고 말았다. 이런 일련의 과정을 회고하면서 지도자의 사람을 보는 안목과 사람부리는 리더십은 거대한 조직의 운명을 좌우한다는 교훈을 깨닫게 되는 것이다.

🍃 안케패스 대혈전 전승전우회

1972년 4월 11일부터 24일까지 중부월남 19번 도로 안케패스(通路)의 중간지점 638고지에 위치한 맹호부대의 1개 중대기지에서 벌어진 10여 일간의 전투는 한국군이 파월한 이래 가장 치열한 전투였고 사상자도 가장 많이 발생한 참극이었다.

이 전투에 소총수 첨병으로 참전했던 김영두 병장은 '안케패스 大血戰'이라는 제호로 전투수기를 써서 2011년 10월 25일 발간하였고, 이를 계기로 안케전투승전전우회가 탄생하여 지금까지 매년 4월 24일을 전승기념일로 정하여 동작동현충원에서 기념행사를 하며 매분기 임원회의를 갖고 있는데 필자도 여기에 자문위원으로 참여하고 있다.

필자는 1989년 위 책자의 초고(草稿)판이 나왔을 때부터 관심을 가져 안케전투를 지휘했던 정득만 장군을 찾아가 안케전투를 소재로 영화를 제작하면 어떻겠느냐고 하였더니 좋은 생각이라고 말하며 안케패스 대혈전에서 용전분투한 맹호부대 장병을 치하 위로하는 박정희 대통령의 격려서신(현재 전쟁기념관에 소장)도 꺼내 보이고 혹시 참고가 될지 모른다며 복사를 해 주었다. 그리고 최대한 협조하겠노라는 말을 하였다.

필자는 이왕이면 최고의 영화감독을 내세우는 것이 좋다고 여겨 '서편제'를 감독한 임권택 감독에게 전화를 걸어 만나자고 했더니 지금은 '태백산맥'을 촬영 중이어서 다른 것은 생각할 겨를이 없다고 하여 미루고 있었는데 얼마 후 정장군도 별세하여 흐지부지되고 말았다.

아래는 금년도 안케전투전우회 연례행사계획이다.

안케패스 대혈전! 추모행사에 초청합니다.

세계평화와 자유수호의 십자군으로 월남전에 참전하여 고귀한 희생으로 국위를 선양하고, 조국의 경제발전과 국방력강화에 획기적으로 기여하신 전우 여러분입니다. 금년이 한국군 파월 54주년이며 안케패스 전투 발발 46주년입니다. 먼저 가신 호국영령과 참전전우 영령 전(前)에 추모하고, 전우 여러분을 상면하여 상호 격려 위로하는 만남의 시간을 갖고자 초청하오니 많이 참석하여 주시기 바랍니다.

*일시: 2018년 4월 24일(화) 10:30~14:30

*장소: 서울 동작동 국립현충원 현충문 앞/ 3번 묘역

1. 행사에서 추모시 또는 추모의 글을 발표하실 전우께서는 4월 20일까지 전화 또는 원고를 보내주시기 바람.

2. 제3회 안케패스 대혈전 사진전을 개최합니다. 소장하고 계시는 사진이 있으신 전우께서는 전시에 협조를 부탁합니다(검토 후 전시).

- 안케패스전투전우회 회장: 정해관
- 사무총장: 손창윤
- 고문: 조주태(예 소장), 송기선, 최종관, 오태한, 이석명, 김홍태
- 자문위원: 배정 시인, 손영구 목사, 오홍국 박사
- 부회장: 김종식(예 준장), 이상봉, 문원철
- 운영위원: 정태경, 허영섭, 이강인, 강윤대, 이용하, 박용재, 이치환,
  이송도, 한우존, 서준석, 김필한, 김명규, 박태균, 김경배
- 감사: 임규섭, 이필영
- 재무이사: 김경배
- 사무국장: 김영두
- 총무이사: 김진국
- 홍보이사: 정연후
- 홍보부장: 이본(큐레이터)

＊위 내용은 안케패스대혈전승전전우회에서 보내온 공문임.

2018년 4월 24일 10시부터 서울 동작동 현충원에는 120여 명의 안케패스대혈전전승전우회 회원과 유족들이 전국 각지로부터 모여들었다. 현재의 맹호부대에서는 주임원사를 비롯한 수명의 장병이 선배들의 행사를 격려하며 과거 행적을 기리기 위해 참석하였다. 참석자들은 귀빈실에서 상견 인사를 나누고 특별히 제작한 기념 모자를 분배받았다.

회원들은 11시 정각 집례관(執禮官)의 인도에 따라 충혼탑에 헌화 분향

참배하고 제3묘역으로 자리를 옮겼다. 3묘역은 모두 안케전투에서 산화한 영령을 안장한 묘역이니 그때 얼마나 많은 희생이 있었는지를 짐작할 만하다. 묘역에는 관리소에서 특별한 배려로 천막과 임시 분향대를 설치해 놓았다. 아침에는 비가 내렸는데 행사시간에 맞춘 듯이 비가 개였다.

행사는 국민의례를 마친 다음 정해관(당시 포병사령관) 회장을 필두로 송기선, 최종관, 오태환, 김홍태 고문이 분향하고, 이어 자문위원, 이상봉 부회장을 비롯한 운영위원과 필자 등 자문위원, 기타 회원들이, 그리고 내빈으로 참석한 박종화 전우뉴스 사장이 분향을 하였다.

이어서 638고지에 세워졌던 전승비의 비문을 이상봉 부회장이 낭독하고 이송도 운영위원이 추모의 글을 낭독하였다. 다음으로 정태경 운영위원의 경과보고와 정해관 회장의 인사말로 본 행사를 마치고, 특별순서로 중대별로 참석자들이 앞에 나와 46년 전 당시를 회상하는 시간을 가졌는데 그 당시 치열한 전투 중에 상관과 부하 동료가 부상하여 죽어가는 장면도 회상하며 오열하는 장면이 연출되어 장래를 숙연하게 하였다. 이러한 장면을 많은 현역 장병이나 일반 국민이 볼 수 있다면 애국심을 고취하고 국민을 화합시키는 데 큰 도움을 주지 않을까 하는 감동적인 시간이었다.

손창윤 사무총장에 의하면 날이 갈수록 회원 숫자가 늘어나는데 그것은 김진국 홍보이사, 이필영 감사, 정태경, 이송도, 한우종, 김필한, 김명규 등 운영위원들이 적극적으로 다각적인 홍보를 벌여 '회원 찾기'를 하는 결과라며 내년 모임 때는 더 많이 모일 것으로 예상한다고 피력했다.

다음 글은 작전이 끝난 후 638고지에 세운 전승기념비 뒷면에 새긴 비문으로 월맹이 베트남을 통일하여 전 지역을 점령한 후 비석 뒷면에 한국군이 새긴 비문을 모두 삭제했는데 우리로서는 이 책에서라도 다시 볼 수 있도록 여기에 수록한다. 그런데 한 가지 신기한 일은 월맹은 한국군의 흔적을 가급적 모두 지우려 각 주둔지에 설치되었던 조형물을 모두 파괴해 버렸는데 638고지의 전승비… 비문은 비록 깎아버렸지만 비석, 그 흔적은 간단히 없앨 수 있음에도 그대로 둔 것이다. 혹자의 전언에 의하면 월맹은 '앙케패스*' 전투는 베트남전쟁 사상 가장 치열한 특별한 전투이며 그들의 자존심을 여지없이 추락시킨 전사로 기록되는바 수치스러워 하기 보다는 두고두고 반성하고 각오를 다지는 표적으로 삼기 위함이라 하니 그들이야말로 대단히 이성적이고 현명한 민족이 아닌가 생각되는 것이다.

안케패스대혈전전승전우회 회원들이 동작동 현충원 참배를 마치고 기념촬영

앙케패스 정상 638고지의 전승비문(戰勝碑文)

여기는 자유의 십자군 대한의 건아들이 피 흘려 싸워 이긴 영원히 기념해야 할 성지이다.

1972년 4월 월맹군의 대공세에 의하여 월남 전역이 풍전등화의 위급을 고할 때 주월한국군 예하 맹호사단은 이곳 앙케패스에 침투 공격해 온 월맹정규군 3사단 12연대의 주력을 완전 섬멸시킴으로써 월남전사에 길이 빛날 전승의 금자탑을 세웠다.

적은 중부고원지대를 점거할 목적으로 군사요충인 안케패스 맹호기갑연대 전술기지에 4월 11일부터 파상적인 공격을 가해 왔다. 이 전투는 4월 26일까지 만 15일간 638고지 일대를 중심으로 피아간 시산혈해의 격전이 수없이 되풀이되었던 악전고투는 생지옥을 방불케 하였다. 그러나 상승맹호의 대한건아들은 우방 월남의 자유와 평화를 위하여 조국의 명예를 걸고 피 흘려 싸워 이김으로써 전략상 중부월남의 생명선인 19번 공로를 재개통시켰고 불리한 월남 전황 가운데 유일한 최초의 승리를 거둠으로써 새로운 전환점을 이루었다. 이와 같은 승리의 이면에는 우리 맹호건아들의 고귀한 젊은 피가 이 땅에 수 없이 뿌려졌음을 한월 양 국민은 영원히 잊지 말아야 할 것이다.

이 전투를 승리로 이끌기 위하여 먼 이역 땅에서 평화의 수호신으로 장렬히 산화해 간 여러 전몰장병들의 충혼을 길이 추모하고 빛나는 승리를 기념하고자 주월한국군 맹호사단의 이름으로 이 곳에 전승비를 세운다.

1972년 10월 1일

주월맹호사단 장병 일동

*앙케패스(Ankhe pass): 전우회에서는 안케패스라고 표기하는데 베트남어 발음은 안과 앙의 중간 음으로 혹자는 앙케로 표기하는 경우도 있는데 앙케로 쓰는 것이 원음에 더 가깝다.

다시 찾은 638고지를 맹호용사들, 전승비 앞에서

🍂 질곡에 빠진 배참 전우회

채명신 장군은 전우회를 떠나기 직전에 이중형 예비역 소장을 영입하여 부회장으로 임명했다가 미구에 회장자리를 물려주었다. 이러한 조치는 32만 전우들 중에서 그 누구 하나의 의사가 반영되지 않은 전제적(專制的)인 인사조치라고 말하지 않을 수 없다.

이는 민주주의 시대의 리더 승계 방법에 전적으로 배치되는 조치로서 일후에 이로 인한 후유증이 두고두고 일어나 오늘날까지 계속되고 있는 것이다.

이중형 신임 회장은 이내 과거 전쟁기념관에서 함께 일한 적이 있는 김정조 장군을 사무총장으로 영입하였다. 이 무렵이 바로 「특별위원회」가 중앙회에 나와서 일을 하고 있는 시기였는데 김정조 장군은 처음 대하는 분이어서 잘은 모르지만(밤늦게까지 안승춘 전우와 세 사람이서 술을 마시며 대화한 적도 있다) 내면적으로는 강직하고 불의에는 절대로 타협하지 않는 성격으로 보였는데 사무실에 출근하면 조직표를 보면서 중요 간부들에게 일일이 전화를 걸어 인사를 나누고 앞으로의 협조를 부탁하는 등의 모습이 첫째로 '간부들의 융화'를 소중히 여기는 인물로 여겨졌으며 앞으로 이러한 사무총장이 중심이 되어 나가면 전우회가 잘 운영되지 않을까 하는 희망을 갖게 했다.

그런데 신임 회장은 사무총장 밑에 또 다른 사무차장을 두겠다고 한다는 것이었다. 그 사무차장이라는 인물은 전우사회에서 평판이 좋지 않은 인물로 비평이 자자한 인물이어서 중앙회의 지근에 있는 간부 대다수가 반대하는 입장으로 김 장군에게 "사무총장이 있는 마당에 또 사무차장을 둔다는 것도 사리에 맞지 않거니와 전우회의 분위기만 흐려놓을까 우려되니 막아주시오"라고 이구동성으로 귀띔을 하였고, 김 장군도 그 말이 맞다 여겼는지 미국에 갔다 돌아오는 이 회장을 만난다고 김포공항으로 갔는데 그 뒤로 김정조 장군은 전우회에 나타나지 않았다. 아마 추측컨대 그 문제로 회장과 담판을 벌이다가 회장이 말을 듣지 않으니까 일찌감치 이런 자리를 떠나버리는 것이 상책이라고 생각했던 것 같다.

그러한 이해할 수 없는 일이 일반 전우들이 까맣게 모르는 사이에 일어나고 있었던 것이다.

필자도 그 이후 전우회를 멀리 하였으므로 그 뒷일은 잘 모를 뿐 아니라 여기에 논하기조차 싫은 것이다.

이런 와중에 각 광역단체 조직을 맡고 있는 지부장들의 연합회의가 구성되는 한편 이를 근간으로 한 쇄신운동의 기운이 물밑에서 알게 모르게 일어서 퍼져 나가고 있었다.

그런 가운데 오륙년의 세월이 흘러 2011년 3월 24일에는 전우회 역사 처음으로 선거에 의한 회장 선출이 시도되었다. 이 선거에는 현임 회장인 이중형 장군과 우용락 경상북도 지부장이 입후보했는데 하사 출신인 우용락 후보가 절대 다수표로 당선되었다.

 ## 병 출신(兵 出身) 회장시대 열리다
― 국회 공법단체(公法團體)로 승인 ― 운영자금 정부지원

우용락 회장이 선임된 이후 제1차로 맞은 전우회의 경사는 2011년 6월 30일부로 전우들이 '참전유공자'에서 '국가유공자'로 승격된 것이다. 그러나 전우 개개인의 입장에서 보면 실질적인 대우에서는 변화가 없는 형식적인 명예의 격상이었다.

그러나 '한 술 밥에 배부르랴?' 라는 말대로 전우회는 명예선양과 권익 증진을 위해 매진키로 하고 가장 먼저 추진할 일은 조직의 공법단체화라 는 과제였다.

제1차로 여의도 국회의사당 앞에서의 대규모 시위를 벌였다. 윤창호 사무총장을 비롯한 수 명의 중앙회 간부가 연행되었다. 우용락 회장은 출신 지 고향의 인연을 이용하여 대통령의 손에 서신(쪽지)을 쥐어주어 말썽 아 닌 말썽이 되는 일도 있었지만, 일부에서는 '우용락이 아니면 아무도 못 할 일'이라고 칭찬이 많았다.

결국 국회는 2012년 12월 31일 본회의에서 '참전유공자예우 및 단체설 립에 관한 법률개정안'을 의결함으로써 숙원이던 공법단체로 인정받기에 이른다. 이는 전우회 역사상 초유의 쾌거라 아니할 수 없는 일이다. 왜냐 하면 전우들은 1988년 전우회 활동을 시작한 이래 25년간을 전우들의 호 주머니를 털어가면서 단체를 운영해 왔기 때문이다.

전우회 간부들은 이로 인해 얼마나 많은 고생을 했으며 잡음에 휩싸이 기도 했었던가? 그런 와중에서 우용락 회장은 듬직한 장건상과 진솔한 김 원호, 두 부회장을 좌우로 두고 명민한 신호철 사무총장 등 건실한 참모진 을 구성하여 조직을 합리적으로 운영하는 한편 적극적인 대정부, 국회 활 동을 편 결과 연간 30~35억 원이란 거금을 정부로부터 받아서(현금이 직 접 영달되는 것은 아님) 직원들의 근무수당 지급은 물론 각종 행사도 비용 걱정하지 않고 진행하게 되었으니 이는 전우회의 혁명이라 할 수 있다. 30 년 동안 이루지 못했던 이 숙원을 우용락 회장이 성취해 냈으니 영웅적인 쾌거라 해도 과언이 아닐 것이다.

역사의 미아(迷兒)에서 구제(救濟)되다
— 제19대 국회에 감사한다. 제20대엔 전투수당을 부탁드리며…

전우회가 공법단체로 승격된 것이 특별한 의미가 있는 이유는 권력으로부터 견제 받던 두 분 사령관과 함께 소외되어 홀대받던 파월노병들이 역사의 미아(歷史의 迷兒)로 헤매다 존재도 없이 사라질 운명으로부터 제19대 국회의 배려에 의하여 구출된 것이기 때문이다.

채명신 초대 사령관은 유신을 계기로 국외추방이나 다름없는 16년간의 외국 생활을 해야 했으며, 이세호 2대 사령관은 신군부로부터 가당치 않은 이유로 수모를 당하는(자서전 참고) 등 견제를 받았고, 우리 전우들 또한 소외되고 홀대받았다.

우리 월남참전 노병들은 참전 당시 9할 이상이 가난하고 잘 배우지 못한 서민 집안의 자제들이었고 전우들 또한 대부분 많이 배우지 못한 순진한 청년들이었다. 그때로부터 지금까지의 질곡의 역정(歷程), 그 진실을 모르는 사람들은 단순 충직한 우리들이기에 헐값으로 충분히 활용되고 내팽개쳐진 억울함을 모르고 의당히 그들 권력으로부터 보상적인 후대를 받았을 것으로 생각하겠지만 전혀 그렇지 못했다.

심지어 신군부의 경우 전우회의 싹이 아예 고개조차 들지 못하도록 '해산명령'에 의해 '국보위'라는 철판으로 짓눌러 버렸다. 인간의 목숨 값과 순수한 충성심에 의한 헌신의 가치를 어찌 금전으로 환산할 수 있을까만 당시 일등병의 1일 해외근무수당(Overseas allowance)은 1달러(환율—250대:1)였다. 다른 참전외국군처럼 전투수당도 받지 못했다.

이토록 처절한 민초(民草)들의 희생을 풍요의 시대를 사는 사람들이 이해할 수 있을까?

철저히 이용당하고 참담하게 버려진 파월 전우들의 추억과 만남에의 열망은 6.29선언 이후에서야 다시 이뤄졌지만 재개된 전우회는 30여 년을 아무런 외부의 지원도 없이 서럽고 고단하게 명맥을 이어왔다. 해가 갈수록 나이 들어 더욱 무기력하고 서러운 존재로 역사의 미아가 되어가는 듯했다. 그러한 파월전우회를 제19대 국회가 공법단체로 승인해 줌으로써 나락으로부터 구제해 준 것이다. 이 소식을 전해 들은 이세호 장군은 무척

반가워했고 그 일을 해낸 우용락 회장 등 전우회 간부들이 장하다며 휘호를 써 주셨다.

전우회가 공법단체가 된 다음 맨 처음으로 변화를 시도한 것이 사무실 이전이다. 그때까지는 성수동 에스콰이어빌딩에 세들어 있는 재향군인회의 비좁은 방 한 칸을 얻어 곤궁한 더부살이를 하고 있었는데 보훈처의 지원으로 여의도의 지하철 9호선 국회의사당역(驛) 앞의 이룸빌딩 8층에 제법 넓은 사무실을 마련해 이전하였다.

그때 필자는 우용락 회장에게 한 마디 하였다.

"여의도는 지방에서 올라오는 전우들의 접근성도 좋

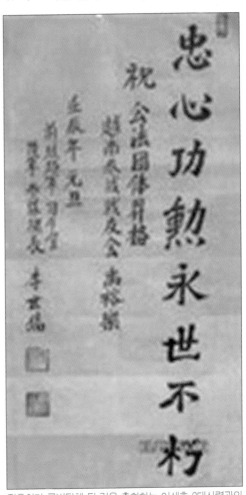

忠心功勳永世不朽

祝 全國派兵戰友會 高格調

전우회가 공법단체 된 것을 축하하는 이세호 2대사령관의 휘호 - 전우들의 충성심과 공훈을 칭송하고 우용락 회장이 공법단체를 획득했다고 썼음

지 않고 고급스러운 곳이라 서민적인 전우들에게는 불편한 점도 많을 텐데 용산 같은 곳이 더 좋지 않겠는가?"

이에 대한 우 회장의 답변은 이러했다.

"우리 속담에 호랑이를 잡으려면 호랑이 굴에 들어가야 한다는 말이 있습니다. 우리는 전우들을 위하여 전투수당을 비롯하여 예우향상을 위한 많은 법률을 만들어야 되는데 그 법을 만드는 곳이 국회 아닙니까? 그리고 우리 사무실 바로 옆에 보훈처(세종시로 이전하기 이전)가 있습니다. 이제는 국회나 보훈처를 걸어서 다녀도 됩니다. 교통편도 지하철 5, 9호선이 통과하고 버스 노선도 많아 대중교통의 요충이 돼 있어 전우님들의 내왕도 아주 편리해 매우 효율적인 사무실 위치입니다. 안 그렇습니까? 선배님!"

필자는 내심으로 '우용락이라는 인물은 보통이 아니야!' 라고 놀라운 생각을 했다. 군대의 전술교범에도 '진지(陣地) 선정의 고려사항'이 있다.

훌륭한 장수(지휘관)는 공격목표를 점령하려 할 때 전술지휘소(TAC.CP—tactical command post)를 적절한 위치에 선정하는 것이 필수이다. 그러한 점을 생각하면서 내심으로 '아주 잘했구나!' 하고 경탄했는데 그 뒤에 새로 회장이 된 사람은 취임하자마자 여의도의 전우회 사무실을 서울에서도 매우 외진 곳인 송파구 가락동 농산물 집하장 옆 어딘가로 옮겨놨다는 전언을 들었다.

국회 같은 데는 볼 일이 없다는 뜻이었는가? 전우들도 외진 곳이라 접근이 어렵고 하니까 별로 찾지 않는 모양이며 필자도 가보지 못했다. 누구를 위한, 무엇을 하기 위한 전우회 사무실인지 이해되지 않는다.

🌿 파월 51주년 기념행사

월남전참전자회는 2015년 9월 25일 파월 51주년을 기념하는 성대한 잔치를 벌였다. 행사장은 잠실올림픽 핸드볼경기장으로 여기에는 전국에서 모인 만여 명의 전우들과 전우가수로 유명한 남진(해병 청룡부대) 씨와 단골 위문단 사회자로 친근한 방일수 등 연예인과 베트남에서 한국으로 시집 와서 둥지를 튼 다문화가족 등이 자리를 함께 분위기를 더욱 흥겹게 하였다.

이 자리에는 다수의 국회의원과 지역 정치인도 참석하여 노병들의 공훈을 치하하며 격려의 말을 아끼지 않았다.

『3사문학』誌에 실린 필자의 시를 싣는다.

파월 제51주년 기념행사장에서 _남강 배정

"자유통일 위해서 조국을 지키시다
조국의 부름 받아 월남 땅으로"
9월 24일 한낮
잠실 올림픽 핸드볼경기장은
불덩어리 이글이글 타오르는 용광로였다
51년 전 월남전선에 첫발을 디딘 날
파월용사들은 이제
머리털 희끗희끗한 노병이 되었지만
그때 부산항에서 조국을 떠나며 불렀던
파월의 노래가 울리자 열광했다

청청한 얼굴로 펄펄 뛰었던
그때가 다시 그리웠는지
이국의 전선에서 죽어가던 전우의 생각이
다시 회상되어서인지
모두들 상기되어 손뼉 치며
미칠 듯이 소리질러댔다

우방국을 도움으로써
세계평화와 자유를 지킨다는 대의명분과
우리가 감으로써 조국의 안녕을 보장받는다는
국가안보의 엄중한 사명을 위해
한 목숨 기꺼이 내던졌던 장한 젊은이들
이제는 고목처럼 마르고 찌그러져
인간폐품과 같은 몰골들이다
그래도─이들 가슴 속에는
아직 식지 않은 忠의 정신이 살아있고
불의를 보고 흥분하는 분노가 있다

행사장에 참석한 다수의 국회의원 나리들
"그대들은 정녕 이 나라 안보를 다지고
번영발전의 초석을 놓은 진정한 영웅들입니다"
입을 모아 찬사를 보내는 칭송에
한껏 허전한 마음을 채우고 있는가?

머리 위로 나는 헬리콥터 소리에도
화들짝 놀라 발광하는 PTSD 증후군 환자들

그들은 지금도 몽롱한 환상 속에서
꿈을 꾸듯이 늙어가고 있다

베트남 재향군인회와 손잡다

과거의 적(敵)과 악수한 뛰어난 민간 외교

월남전참전자회의 우용락 회장 임기 중에 또 중요한 공적은 우리 단체
와 베트남공화국의 재향군인회(회장 응엔 반 탁)가 화해의 손을 잡은 것이
다.

우용락 회장은 중앙회 주요참모진과 예하 지부장 등을 대동하고 2013년
11월 27일 베트남으로 날아가 베트남재향군인회의 응엔 반 탁(예비역 중

2013년 11월 27일 베트남재향군인회 응엔 반 탁 회장과 한국월남전참전자회 우용락 회장이 상호 협
력해 나가기로 하고 의사록을 교환했다.

베트남 한국 남편 결혼이주여성 친정 부모님 초청 전우회 회장단과 기념촬영

장)을 만나 한국의 월남참전자들과 친하게 지내며 양측이 서로 도움을 주며 지내기로 약속하였다. 베트남 사람들은 마음이 넓고 영리한 민족이다. 무한경쟁의 글로벌시대에 서로 득이 되고 발전할 수 있는 길은 과거에 집착하지 않고 화해하고 소통하며 협력하는 길뿐이라는 것을 그들은 알고 실천하는 것이다. 여기에 우리 참전전우가 먼저 나선 것이다. 우리는 과거 대민친선활동을 통하여 그 어떤 한국인들보다 베트남을 잘 알고 있기에 상호협력의 과업을 수행하는 데 능률적일 것이다.

이는 과거의 적대관계를 해소하고 화해를 모색하여 성공한 특별한 사건이다. 1980년대 후반에 월맹군 남부군 사이공지구사령관을 지냈던 트란 박 당(월맹군 예비역 중장) 씨와 채명신 초대 주월 한국군 사령관이 서울에서 만나 도하 언론에 보도되어 화젯거리가 된 적이 있었으나 그것은 단순한 개인끼리의 1회적 만남으로 그친 사건이다. 그러나 이번 베트남의 재향군인회와 우리 측 월남전참전자회의 화해의 악수는 집단과 집단의 악수라는 점에서 그 의미는 결코 가볍지 않은 대사건이라 할 것이다.

과거에 적대관계에 있던 우리 월남전참전자회와 사회주의 국가인 베트남재향군인회가 화해하여 손을 잡고 미래의 협력을 모색하기로 언약한 것은 서로를 위해 좋은 일일 뿐더러 구수정 같은 극소수 피라미 같은 반국 가분자들의 근거미상의 픽션 게임을 분쇄하는 위력이 되고도 남을 일이다

따라서 두 단체의 화해 협력은 지속시켜 나가야 할 과제이다.

전우회를 이렇게 잘 운영한 우용락 체제 때 마음 속으로 쾌재를 부르며 성원했는데 일각에서는 그러한 업적을 폄하(貶下)하며 오히려 흠집을 내려는 일부 전우를 보면서 마음이 아팠다. '콜럼버스의 달걀'이라는 이야기가 있다. 자기는 못하는 일이라도 남이 한 일은 하찮게 보려는 습성이 우리 전우사회에는 만연해 있다. 단연코 과감히 버려야 할 악습이다.

필자는 월남전 때 공보임무를 띠고 1968년 파월하여 1972년 8월 귀국할 때가지 오랜 기간 남부월남 각지를 돌아다니며 많은 민, 관, 군 월남인들을 상대해 보았는데 반공의식이 결여된 것 외에는 훌륭한 민족임을 늘 느끼곤 했다. 월맹군이 비록 제네바협정을 위반하여 일제히 자유월남을 공격하여 멸망시키기는 했지만 통일 후 그들은 개혁개방을 하여 세계 여러

우용락 회장과 베트남 향군 수석부회장(푸엉 칵 당)이 정답게 손잡고 하노이 거리를 거닐고 있는 모습

나라와 교류하며 과거 적대관계에 있었던 국가와도 미래를 위해서 전진하기로 한 것은 대단한 결단이며 슬기로운 자세라 칭찬하지 않을 수 없는 일이다. 우리 전우회도 그 일환으로 친선관계를 맺을 수 있었다.

이러한 친선관계가 간단없이 유지되었다면 한낱 피라미나 다름없는 분자들이 날뛰어 본들 조족지혈에 불과했을 터인데 우리 스스로 그러한 과업을 계승 발전시키지 못하고 어리석게도 뒤엎어버린 것을 생각하면 가슴이 아프다.

소송(訴訟)싸움에 휘말린 전우회
– 회장 직위 둘러싸고 갑론을박

이 이야기는 2011년 3월의 회장선거로 거슬러 돌아가야 설명이 가능하다. 이 때 이전까지는 회장을 뽑기 위한 선거 같은 행사는 없었고, 30여 년간 장군들이 추천 또는 전임 회장이 후임자를 지명하여 자리에 앉히는 것을 관례로 내려왔던 것인데 이중형 장군의 회장 임기가 끝나게 될 무렵에는 민주주의 방식에 의한 선거를 통하여 회장을 뽑아야 한다는 분위기가 자연스럽게 자리 잡게 되었으니 이는 사회의 발전 추세에 따른 전우회의 변화가 아닐까 생각되는 것이다.

그런데 문제는 지금까지 상명하복(上命下服)의 권위주의적인 관습에 아무런 생각 없이 순응해 오던 우리 전우회가 이렇게 발전된 민주제도를 무난히 소화할 수 있는 훈련이 되어 있지 않은 상태에서 처음으로 도입한 선거에서 리더를 선출하는 과정과 결과는 어떠했는가? 새로운 제도를 도입하여 시행하는 과정에서 누구도 모르게 무의식적으로 범한 흠결은 결국에 '어쩔 수 없는 실수'라고 치부하여 넘어가지 못할 파행을 연출하고 말았던 것이다. 이는 다름이 아니라 선거를 관리한 집행부가 무슨 이유에서인지 선거에 임박하여 투표에 임할 기존의 대의원에 추가로 급조한 무자격(소송에서 원고 측이 주장한) 대의원 192명을 끼워 넣어 투표를 행사하게 했다는 것이다.

여하튼 이중형 현임 회장과 새로 입후보한 우용락 후보가 경선을 벌인 결과 우용락 후보(경북도 지부장)가 압도적인 다수표를 얻어 당선되었다.

채명신 사령관이 이끄는 전우회의 출범 이래 처음으로 장군 아닌 병 출신으로 회장에 취임한 우용락 회장은 몸을 사리지 않고 열심히 뛰었다. 그 결과 전우회운영에 가장 큰 애로사항이었던 재정문제를 걱정하지 않아도 되는 '공법단체'로 국회의 승인을 받아 중앙회 전 직원 및 지부장 급 간부들에게 근소한 액수지만 근무수당까지 지급할 수 있게 되었다.

아울러 재정이 소요되는 여러 가지 행사 등 사업도 진행할 수 있게 되었다. 그동안 얼마나 원해 왔던 일들인가?

그런데 호사다마(好事多魔)라던가. 얼마 후 선거가 잘못되었다는 말이 나돌기 시작하더니 일이 터지고 말았다. 전술한 바 있듯이 전우회 사상 첫 번째로 치른 회장 선거에서 자격이 되지 않는 대의원을 2백 명 가까이 늘려서 투표하도록 한 선거는 "불법이다" 그러므로 그 선거는 "무효이다"라고 하여 서울동부지방법원에 소송을 제기하였으니 그 그룹은 다름 아닌 정상화추진위원회(正常化推進委員會=정추위)였다.

20명 정도의 인원으로 구성된 정추위는 전우회가 처음으로 선거를 치르면서 편법이 개재되었다는 것을 시정하기 위함이었지 누구를 지목하여 편을 들거나 누구를 해코지하려는 목적이 아니었다. 법원은 원고(정추위 측)의 소송이유(理由) 제기가 합당하다는 결론으로 판결을 내렸다. 그 결과 그 선거에서 당선된 우용락 회장이 아무런 잘못이 없이 자리를 내놓게 되었으니 선의의 피해자일 수밖에 없었다.

이에 우용락은 당시 2년 정도 회장직무를 수행하다가 '선거무효'로 인하여 회장 자리에서 물러났고 재선거에 다시 입후보하여 당선되는 수고를 감내해야 했던 것이다.

그리하여 2013년 4월 재선거 이후 2015년 3월까지 잔여임기 2년을 채워 4년의 1차 임기를 마치고 2015년 3월 선거에 출마하여 또 당선되어 2번째 임기 4년의 회장직무를 수행하던 중이었는데 전번 선거에서 경합을 벌인 정진호 서울지부장 등이 우용락 회장을 걸어 '정관을 위배하여 2번 중임(重任)했다'는 이유로 서울지방법원 남부지원에 소송을 제기하였으며, 남부지원 판결은 4년을 하였으므로 한 번 한 것으로 간주하는 판결로 기각하였으나 다시 원고 정진호 등은 서울고등법원에 항소하여 2011년 3월부터 2013년 3월까지 한 번, 2013년 4월 재선거부터 2015년 3월까지 한 것이 두 번 한 것(重任)으로 판단하여 2016년 8월에 우용락 회장 직무정지 판결을 내렸고, 동시에 우용락 회장이 임명한 임원과 지부장 등은 '무자격 회장이 임명한 무자격직책'으로 간주되어 전원 직무를 정지시킴으로써 전우회중앙회는 공백상태가 되어 버린 것이다.

여기서 필자는 냉정히 생각해 본다. 첫째로 간난신고 끝에 공법단체가 되어서 전우들의 명예선양과 권익증진이라는 절대적인 사명 성취를 위하여 한참 맹렬히 나가는 판에 전우회가 일순간에 식물조직화 되어 모든 업무가 올 스톱 상태에 빠지고 마는 이런 질곡이 한심스러울 뿐이다.

둘째로는 우용락 회장이 정상적으로 중임하면 4년+4년=8년을 재임해야 하는데 우용락 회장은 선거에 3번 당선되고도 5년6개월하고 본인으로서는 잘못이 없는데 억울하게 퇴임하게 되었던 것이다. 결국 이러한 소송으로 피해를 보는 것은 퇴임당한 회장보다 회원인 우리 전우들이며 이득을 보는 것은 소송에서 이긴 소수자들일 것이다. 그럼에도 불구하고 그 소수자(小數者)는 또 다시 이화종, 장건상 등 두 원고 측의 소송에 의해 직무가 정지된 상태이다. 이러한 악순환이 언제까지 계속될 것인가?

전우회는 우리들이 추구하는 전투수당 등 예우향상을 위한 각종 과업에 관련된 법률 제정과 이에 관련하여 정부 관계부처에 우리의 입장을 설명하고 이해를 구하며 청원하는 일방 '역사에 길이 남는 월남전파병'으로 자리매김하도록 그 의의(意義)를 정립하는 등 절대적인 과업을 챙기기에 한창 바쁠 시기에 모든 것을 중단한 채 소송으로 인하여 3년에 걸쳐 집행부 공백상태가 지속되고 있으니 통탄을 금할 수 없는 일이다.

이로써 단체의 위상은 말할 것도 없고 아무것도 할 수 없는 식물단체로 전락한 전우회가 언제 정상화 될지 앞이 안 보이는 암울한 상태이다. 지금까지도 계속되고 있는 이 소송전쟁을 보면서 통탄만 하고 그냥 좌시하고 있어야만 하는 것일까?

전우들의 나이는 모두 고희를 넘어 인생길 서산마루에 걸렸는데 할 일은 많고 갈 길은 바쁘다. 30만 전우와 3백만 가족의 명예와 권익을 위해 밤낮으로 뛰어도 모자라는 세월에 전우회의 사령탑이 무주공산이라니! 월남전선 생사의 갈림길에서 살아 돌아온 전우들끼리의 소송전쟁은 언제까지 계속되어야 하는지 개탄을 금할 수 없는 상황이 계속되고 있다. 부디 지겨운 송사는 하루 속히 끝내고 전우회가 산적한 과업을 성취하기 위해 매진하기 바라는 마음 간절하다.

월남참전 원로회의(元老會議)의 출범
– 전우조직 간부 역임자들의 모임

전우회가 공법단체로 승격되고(2012. 12. 31) 모든 숙원사업들을 하나하나 챙기며 이루어 나가는 것을 보면서 그동안 많은 세월 전우회 발전을 위해 물심양면으로 헌신해 오다가 은퇴한 전우회 간부들은 '이제 우리도 한시름 놓고 가끔 만나 친목이나 다지며 제도권의 과업수행에 조언할 일이 있다면 일조하자' 하면서 '원로(元老)모임'을 갖기로 하여 2013년 10월 말일 경(일자 미상) 서울 인사동 종로커피점 2층에서 제1차 발기인 모임을 가졌는데 이 자리에는 〈연장자순〉 김영래(전 동작지회장), 배정(전 중앙회 홍보실장), 최동식(전 참전전우환경연합회장), 현금남(전 전라북도복지연합회 회장), 황문길(전 파월유공 회장), 오춘봉(전 베참서울시회장), 여정건(명선회 회장), 안승춘(전 해참노원구시회장)이 참석하였다.

이 자리에서는 최초 모임의 뜻을 발의했던 배정, 안승춘이 취지를 설명하자 모두가 공감하였고 가까운 시일 내에 좀 더 많은 참가자를 규합하여 정식으로 창립 모임을 갖기로 합의하였다. 이날 예비모임에서 논의된 중요사항은 1. 전우회의 기본조직에 상충되지 않도록 유의한다. 2. 원로들의 모임다운 품위를 유지하도록 이에 합당치 못한 자는 배제한다. 3. 70세 이하는 가입을 유보한다는 방침을 세웠다.

그리고 2013년 11월 13일 서울 종로3가 국일관빌딩 15층 스카이라운지에서 제1차 창립 모임을 가졌는데 이 자리에는 가나다순으로 김기풍, 김선주, 배정, 안승춘, 오춘봉, 정영기, 채수업, 최동식, 황문길, 현금남이 회합을 갖고 원로회의를 출범시켰다. 그런데 여기서 김선주 전우는 '좋은 취지의 모임이지만 아직 70세도 안 된 입장인지라 원로에 낄 수 없다'고 참여를 사양함으로써 9명의 창립멤버로 출범한 것이다.

이날 모임에서는 임시의장으로 황문길 전 파월유공 회장을 선출하고 간사는 裵政 前 베참 홍보실장이 맡기로 하고 취지문 및 회칙, 그리고 필요한 규칙을 초안하기로 하는 등 사안에 합의를 보았다. 이로써 「대한민국 월남참전원로회의」는 출범하게 된 것이다.

얼마 후 모임의 활성화를 촉진하기 위해 배정(裵政) 간사를 공동의장으로 선임하고 박영택(文人) 전우를 영입하여 사무총장으로 선임하였다.

이후 원로회의는 회원이 30명 수준으로 늘어남에 따라 현금남 회원과 오춘봉, 윤상업 회원을 부의장으로 선출하였다. 그리고 배정 공동의장은 사퇴하고 최고연장자인 김영래 회원과 함께 고문으로 추대되었다.

2017년 7월 황문길 의장이 개인사정으로 사퇴함에 따라 현금남 부의장이 의장 대행을 맡아 회의를 이끌어 가는 중 전우회(중앙회)는 연이어 소송에 의하여 회장이 물러나는 불협화가 계속되자 원로회의라도 중심을 잡아야 한다는 목소리가 높아지는 가운데 서로 사양하는 의장자리를 계속 비워둘 수 없다는 여론에 따라 윤상업 부의장이 중론을 받아들여 의장직을 수락하였다.

윤상업 의장은 체제를 강화하기 위해 조직위원장에 안승춘, 총무위원장에 김기풍 위원, 홍보위원장에 정영기 위원, 간사에 이익희 위원을 선임하였다.

월남참전원로회의 회칙에는 일반적인 여느 단체와 달리 끝머리에 윤리강령이라는 것을 달아놓았다. 이것은 라이온스클럽에도 윤리강령이 있는데 유의한 것인데 내용은 우리나라 대표적인 선비고장 안동사람들의 회의하는 모습을 참고하여 필자가 기초한 것이다.

회의 중 무수히 나오는 의견에서 별별 소리가 다 나오기 마련인데 발언자는 일단 타인의 발언에 '일리 있다'는 전제를 하고 자기 의견을 조리 있게 진술하는 방식이다.

이것은 우리나라 최고의 국민의 전당인 국회에서도 종종 설전이 심한 경우 난장판이 벌어지는 것에 식상하여 이런 행태는 지양해야겠다는 발상에서 이런 윤리강령을 붙이게 된 것이다.

원로회의 윤리강령

1. 월남참전원로회의 회원(이하 위원이라 한다)은 월남참전의 참된 의의를 올바르게 숙지하여야 한다.
2. 원로회의 위원은 월남참전의 성과를 정확하고 바르게 숙지하여야 한다.
3. 원로회의 위원은 참전의 명예를 일생일대 최고의 가치로 여기며 이를 생명재산보다 더 소중히 지켜야 한다.
4. 원로회의 위원은 참전용사로서 명예유공자다운 처신으로 타의 모범이 되어야 한다.
5. 원로회의 위원은 말과 행동에 한 템포 늦게, 신중히 한다.
6. 원로회의 위원은 정의롭지 않은 일을 하지 않으며 그런 류의 일에 관여하지도 않는다.

영령들 앞에 헌화 · 분향하는 원로회의 위원들

앞줄 중앙 윤상업 의장 그 옆이 김영래 고문, 배정 고문, 현금남 부의장, 오춘봉 부의장 외 참석위원 –
박영택(사무총장), 김기풍, 김남용(부인 동반), 김진식, 김현덕, 김흔기, 도경환, 류재호, 안승춘, 유재
송, 이익희, 이형도, 정기환(감사), 최동식, 하대식 – 가나다순

원로회의는 2018년 4월 26일 오전 11시 서울 동작동 현충원에 모여 국가
유공자 영령들에게 헌화 분향 참배한 후 현충문 앞에서 기념촬영을 하였
다.

이어서 2묘역으로 자리를 옮겨 채명신 초대 주월한국군 사령관 묘에 참
배한 후, 묘 앞에서 지난 3월 베트남을 방문한 대통령이 '유감 표명'으로
빚어진 파장에 대하여 대통령을 향한 탄원과 대국민 양해 성명서를 안승
춘 위원이 낭독하였다.

다음은 성명서이다.

성명서

미국의 대통령이 재채기를 하면 주가가 하락하고 세계경제가 흔들린다는 것 즉 나비효과의 원리는 우리 한국 대통령의 언행에서도 얼마든지 납니다. 그러기에 대통령은 일언일행(一言一行)에 신중을 기해야 합니다.

지난 3월 문재인 대통령이 베트남을 방문하기 전 베트남에 가서 과거사에 대한 언급을 할 것인가의 여부에 대해서 베트남에서는 공산당정책회의에서까지 논의된 바 '과거 언급은 하지 않는 것이 좋다'로 결론을 내려 회신(回信)했음에도 대통령이 굳이 완곡한 표현이지만 '유감' 표명을 한 것은 천려일실(千慮一失)로 아니했어야 할 걸 그랬다는 생각입니다. "베트남국민에게 고통을 주었다"는 말은 언어도단입니다. 그때의 자유월남국은 현재 지구상에 없으며 당시 우리의 도움을 받으며 고마워하던 자유월남국민은 지금 말 한 마디 못하는 피지배국민으로 전락해 숨죽이고 살기 때문입니다. 사과해야 할 대상도 이유도 없는데 어디에 대고 사과하는 것입니까?

대통령의 그 한 마디는 「한베평화재단」인가 뭔가 하는 고약한 반국가분자들의 행태에 힘을 실어주는 꼴이 되었으니 대통령의 사려 깊지 못한 행위를 원망하지 않을 수 없는 것입니다. 더욱이 그 발언은 한베평화재단 이사장의 '음모에 힘을 얻기 위한 속셈의 불측한 건의'에 따른 것이라 하니 통탄을 금치 못하는 것입니다.

그리하여 과거에 국가의 명을 따라 헌신함으로써 민족번영의 기틀을 쌓은 공로자들을 전범자인 양 누명을 씌우려는 준동이 탄력을 받아 '인도주의와 양심'이라는 미명으로 자세한 내막을 모르는 국민을 선동하고 나아가 반국가 반민족적 국가공권력에 도전하는 소송까지 벌일 모양이니 이럼에도 우리 파월노병들이 좌시하고만 있으라는 말입니까?

대통령께서는 누구보다도 국가의 방패요 생명인 국군을 아끼고 보살펴야 할 책임자이며 국군통수권자라는 중책의 소중함을 망각하지 마시기 바랍니다. 우리 예비역 노병들은 대통령을 존중하며 의지해야 할 입장이라는 것을 헤아려 주시기 바랍니다.

한베평화재단 사람들은 대한민국 국민임과 이 민족의 피를 받았음을 망각하지 말고 반국가적인 행태를 즉각 중단하기 바랍니다.

특히 정부는 반국가분자들의 준동에 힘을 실어주는 행위를 지양하고 터무니없는 그들의 만행에 제동을 거는 데 적극적으로 나서주기 바랍니다.

파월노병들을 사랑하시는 국민 여러분!

지금 우리 노병들이 이렇게 나서는 것은 단지, '명예수호' 차원의 부득이한 최소한의 행위임을 헤아려주시기 간절히 바라는 바입니다.

우리는 자유민주주의 대한민국을 사랑하고 무궁한 번영을 기원합니다.

2018년 4월 26년

월남참전원로회의 위원 일동

채명신 장군 묘에 참배하는 원로회의 위원들

🌿 참전전우 명예수호를 위한 정풍운동
─「파월용사명예회복위원회」 발족

　45년 전 월남전선에서 개선 귀국한 뒤 전쟁이라는 극한상황의 트라우마와 고엽제 등 온갖 전쟁후유증으로 시달리며 국가유공자다운 예우도 제대로 받지 못하는 가운데 오로지 의지할 수 있는 전우회마저 소송에 휘말려 있는 상황을 극복하기 위해 뜻있는 전우들이 떨쳐 나섰다.

　아래의 글은 「전우뉴스」에 실린 명예회복추진위(名譽回復推進委)에 대한 기사이다.

　2018년 1월 30일 경북 구미시 대동빌딩에서 월남전참전자회 전·현직 임원진 및 전국 각지에서 80여 명의 월남참전 전우들이 참석한 가운데 월남전참전자회(이하 월참자회)의 성상화로 위상 회복과 전우들의 명예회복을 위한 모임을 갖고 김원호 前 월남전참전자회 부회장을 임시의장으로 선출하여 대책을 논의하기 위한 회의를 개최했다.

　김원호 임시의장은 인사말에서 "오늘 한겨울 추위를 무릅쓰고 전국 원근 각지에서 전우님들이 불원천리하고 이렇게 모인 것은 우리 전우들의 명예와 권익을 위해 무엇을 어떻게 할 것인가를 고민하다가 좋은 뜻을 모으기 위해 여기를 찾아온 것입니다만 자칫하면 오해의 소지가 있으므로 모임의 호칭부터 신중히 생각하여 결정해야 될 줄로 생각합니다. 우선 호칭에 대하여 의견이 있는 전우님들은 제안을 해 주시기 바랍니다." 이렇게 하여 명칭 결정을 위해 총 7건이 접수되어 토의를 벌인 결과 최종적으로 '파월장병명예회복추진위원회'로 결정하였다.

　이날 회의에서 참석한 전우들은 이 모임을 이끌어갈 리더로 우용락 대한민국월남전참전자회 명예회장(前회장)을 만장일치로 '파월용사명예회복추진위원회'의 위원장으로 추대했다. 이어서 이대우 前 월참자회 감사와 정현조 前 서울시지부장 및 류재호 월남참전전우지킴이연합회장을 부위원장으로 선출했다.

명예회복추진위원장으로 선출된 우용락 위원장은 수락 인사말에서 "우리는 사심 없이 현재 월참자회 회장 및 임원진과 전국의 지부장까지 직무가 정지된 현 난관을 극복하기 위해서는 전국에 있는 우리 전우들이 하나가 되어야 한다"며, "국민으로부터 존경과 신뢰 받을 수 있는 국가유공자 단체로 정상화가 될 때까지 그 밑거름이 되자"고 피력했다.

이날 회의에서 참석자들은 우리 참전용사들이 20대의 젊은 나이에 세계평화와 자유민의 자유를 위하고, 국가안보와 보릿고개의 어려운 환경에 처해 있던 조국과 민족을 위해 붕정만리(鵬程萬里) 월남전쟁에 파병될 때와 똑같은 우국충정의 초심을 가지고 근간에 부끄러운 모습으로 추락된 월남전참전자회(중앙회)의 바로서기와 참전노병의 명예를 회복할 수 있는 방안 등을 격의 없이 논의했다.

또한 2월 중에 있을 국회국방위원회의 전투수당 특별법 입법에 관한 문제와 참전용사들에 대한 허구적인 양민학살 매도(罵倒) 및 용병론 등 폄훼하는 구수정 일당의 음모에 대처하는 문제 등 산적한 당면과제를 극복하고, 참전용사들의 명예와 자존심을 회복하기 위한 토의가 3시간여에 걸쳐 진지하게 진행되었다.

우용락 위원장은 "우리 한국군은 32만여 명이 월남전에 참전하여 국가안보증진(國家安保增進) 및 67억 2,900만 달러라는 천문학적인 외화를 벌어들여 현재의 대한민국을 세계 10위권의 경제대국을 이루는 데 기여하였으나, 우리 장병들은 5천여 명이 전사(戰死)하였고, 1만 2,000명의 전상자와 10만6,000여 명의 고엽제 환자가 병상에서 고통 속에 어려운 삶을 살아가고 있다"고 언급하면서 "이들 전사상자(戰死傷者)와 200여 만 명에 달하는 그 가족의 고통을 무시하고 참전 장병들의 명예와 자존심에 찬물을 뿌리고 있는 구수정 씨의 '베트남양민학살' 이라는 미확인된 증거자료를 가지고 지금 정부를 상대로 피해보상 소송과 국회에서조차 4월경에 보상법을 만든다는 허무맹랑(虛無孟浪)한 작태를 묵과할 수 없다"고 역설했다.

우용락 위원장은 또 "우리들의 명예와 자존심에 치명타를 맞아서 당하고 있을 수는 없다"며 "전국에 계신 참전전우 여러분은 하나가 되어 힘을 모아야 하며. 이를 위해 '파월용사명예회복추진위원회' 는 더욱 분발할 것이며 화합과 단결을 위하여 최선을 다하겠다"고 밝혔다.

〈전우뉴스-글: 함경달〉

동장군이 유난히도 사납게 기승을 부리는 강추위인데도 파월전우들은 이 자리에 오지 않으면 안 될 어떤 절박감 같은 심정을 안고 많이 모인 것 같았다. 이날 추대된 우용락 위원장은 전우회가 식물화 된 상태에서 우리에게 학살자라는 치욕적인 누명을 씌우려 드는 도전에 대하여 너무도 강한 절박감을 느꼈음인지 목소리가 떨렸다. 자리에 참석한 전우들도 대부

파월용사명예회복위원회 모임에 참여한 전우들(사진: 류재욱)

분 이제까지 전우회의 발전을 위해 노력해 온 면면들로서 하루라도 빨리 질곡상태를 해소할 수 없겠는가 하고 고민하다 나온 것이어서 토의사항이 나올 때마다 매우 진지하였다. 이렇게 전우들의 뜻이 모아지고 이런 뜻이 전국적으로 확산된다면 현재의 난관을 극복하는 데 활로(活路)를 찾을 수도 있겠다는 희망을 갖게 했다.

문제는 우리들의 각성이다. 아직도 우리들 가운데 목숨으로 얻은 명예보다 사리사욕에 눈이 먼 전우들이 없지 않기 때문이다. 큰 것을 보지 못하고 당장 눈앞의 사소한 이익에 마음을 빼앗기는 어리석음에서 탈피해야 한다는 이날의 분위기를 보면서 필자는 감동을 받았으며 또한 우용락 위원장의 리더십을 다시 확인하면서 안도의 한숨을 쉬었다. 부디 이러한 전우사회의 정풍(整風) 정진(精進)운동이 성공을 거둠으로써 조속히 중앙회를 비롯한 전체 조직이 정상화 되는 출발점이 되기 바란다.

그런데 이 모임의 보도가 나간 뒤 예상했던 대로 일부 전우는 우용락 위원장 등 모임을 주도한 전우들에 대하여 어떤 욕심이 있어서 '단체(?)를 또 하나 만들었다' 고 비아냥거리는 모양인데 애당초 관점(觀點 또는 視覺)이 잘못된 것이 아닌가 하는 생각을 한다. 그건 단체도 아니고 그러한 사심을 가지고 시도한 모임이라면 필자도 단연 참여하지 않았을 것이다. 부디 그때 참여했고 이후에도 참여할 순수한 전우들의 충정을 의심하지 말아주기 바라는 마음이다.

🌸 명회위(名回委)의 활동

　2018년 2월 5일 우용락 위원장을 위시한 명예회복위원회 임원들은 국회를 방문하여 먼저 국방위원회 경대수 국방소위원장을 만나 월남참전용사들이 받지 못한 '전투수당'에 대하여 자세히 설명하고 전우들의 입장에서 '의당히 받아야 할 당위성'을 피력함과 동시에 이를 꼭 받을 수 있도록 힘써줄 것을 호소(?)하였다.

　특히 이 전투수당 문제에 대하여 남다른 열성을 가지고 대정부질문 등 다각적인 노력을 경주하고 있는 이언주 의원(광명 을)을 만나 전투수당에 대하여 자세한 담화를 나누었다.

　이언주 의원은 참전전우의 딸로 파월용사나 그 가족의 애환을 누구보다 잘 알고 있을 뿐만 아니라 동병상련의 정으로 파월용사들을 대하고 있는 특별한 국회의원이다.

이언주 의원을 만난 명예회복위원회 임원들 – 좌로부터 신형순, 박광야, 류재호, 이언주 의원, 우용락 위원장, 김연수, 장덕영, 정현조, 함경달 – 제공 함경달 전우

🌱 광화문 광장에서 항의집회
"불순 세력에게 빌미 제공했다" 대통령에게 탄원서 전달

"우리는 양민학살자가 아니다."

명예회복위원회는 지난 3월 문재인 대통령이 베트남 방문 때 과거사에 대한 사과발언을 함으로써 허구적인 양민학살설을 유포하면서 참전자들을 전범으로 몰아가는 반국가적 불순분자들에게 힘을 실어주는 꼴이 된 데에 대하여 항의하면서 파월용사들의 처절한 심정을 대통령에게 전달하기 위한 집회를 2018년 4월 12일 오후 1시에 광화문로 세종대왕상 앞에서 집결하여 청와대 앞으로 이동하여 열었다.

이 때 우용락 위원장은 아래와 같은 탄원서를 낭독하였다. 그리고 청와대 민원실을 통하여 대통령께 서면으로 전달하였다.

〈대통령께 올리는 탄원서〉

대통령님께 올립니다.

연일 산적한 국정수행과 사회 곳곳에 쌓여있는 적폐의 청산에 노고가 많으실 줄로 사료됩니다.

저희 참전노병들은 올해부터 참전명예수당을 80,000원으로 대폭 인상해 주신 것에 대해 감사하게 생각하고 있습니다. 고맙습니다.

저희들은 월남전에 참전한 참전국가유공자들입니다. 월남전파병은 1964년부터 1966년 사이에 국회의 4차례의 파병동의안가결에 의해 1964년 7월부터 1973년 3월까지 8년8개월 동안 32만5천5백여 명의 장병이 목숨을 국가에 맡기고 월남전장에 파병되어 5,099명이 전사 사망하고

11,232명이 부상으로 상이군인이 되었고 12만여 명의 고엽제환자가 발생하는 큰 희생을 치루면서 국가에 충성하여 조국발전에 원동력이 되고 국가 최고의 공적과 공헌을 한 파병이었던 것입니다.

—당시 파병의 이유는

첫째: 우리나라 안보 때문이었습니다.

당시 미국은 자국국내 반전여론 확산으로 인하여 악화되어가는 월남전장에 병력을 더 증파할 수 없는 상황이었습니다. 궁리 끝에 한국 최전방에 배치되어 있는 미군 2개 사단을 빼내어 월남전장에 투입하는 계획을 은밀하게 검토하게 되었습니다.

만약 우리 전방에 주둔하고 있는 미군2개 사단이 빠져 나간다면 당시 상황으로는 제2의 6.25전쟁이 발발할 수 있는 개연성이 대단히 높았습니다.

그런 상황에서 우리나라가 월남에 한국군을 파병하는 조건으로 미군이 전방에 그대로 지켜주고 미국은 한국군의 무기와 장비현대화를 위하여 10억 달러상당의 지원을 해 줌으로써 북한과 대등한 군사력을 유지하게 되었기에 결국 월남파병은 국방력 강화와 국가안보에 크게 기여하였던 것입니다.

둘째: 미국이 제2차 세계대전 승리로 36년 동안 일본식민지로부터 우리나라가 독립되는 데 미국이 기여를 하였고 1950년 6.25전쟁에 미국이 유엔군 21개국과 함께 참전하여 자유대한민국을 지켜주기 위해 수백억 달러의 전비를 쓰고 5만9천여 명의 전사자와 10만4천여 명의 부상자를 감내하면서 도와준 미국을 비롯한 자유우방국의 은혜에 보답하는 계기가 되었던 것입니다.

셋째: 우리나라는 당시 6.25전쟁이 멈춘 지 10여 년 전밖에 지나지 않아 폐허가 된 상태였으며 국민들은 기아상태였고 사회는 미래를 기대할 수

없는 암담한 시절이었습니다. 1964년 파병 당시 우리나라 1인당 국민소득은 80$였으며 국가 총 외화보유고는 1억$였고 수출은 9천7백만 달러로 인도 다음으로 가난한 세계의 최빈국이었습니다. 이런 상황에서 월남전 파병은 안보 다음으로 가난을 탈피하기 위한 고육지책의 어려운 결단이기도 했습니다.

그때 파월장병들의 수많은 희생의 대가로 파월기간 동안에 국내로 유입된 달러는 공식적인 금액만 67억2천9백만 달러였으며 당시로서는 천문학적인 금액이 국내로 들어오게 되어 그 달러로 포항제철, 경부고속도로, 울산중화학단지, 구미공단 등을 만들어 농업국가에서 산업국가로 발돋움할 수 있었던 것이며 월남파병기간 동안에 월남전쟁특수로 우리나라 기업 79개, 건설, 운송, 용역회사 등이 우리나라 최초로 해외로 진출하는 계기가 되었던 것입니다.

또 파월장병들이 받은 해외파병수당과 월남전쟁특수로 들어온 달러가 원동력이 되어 한강의 기적이 일어났던 것이며 세계10대 경제대국으로 부상하고 선진대한민국으로 발돋움하는 데 월남참전자들이 최고의 일등공신이라고 자부합니다. 목숨을 국가에 맡기고 이역만리 열대우림의 월남전장에 파병되어 국가발전에 크게 공헌한 월남참전자들은 합당한 예우를 못 받는 것도 억울한데 전범자 학살자로 매도하며 날뛰는 구수정 등 한베평화재단과 民辯 등이 4월 21일, 22일 월남참전자들이 민간인학살자라고 시민평화법정을 개최한다고 합니다.

이 법정이 과연 누구를 위한 것이며 우리나라와 우리 국민에게는 무슨 도움이 될까요? 이 법정을 준비하는 분들이 당시 월남에 살았던 분들도 아니고 50여 년이 지난 패전월남 국민에서 월맹이 승전하여 베트남 국민으로 된 이 상태에서 누구의 말을 믿고 재판을 한답니까? 이런 글을 대통령님께 올리게 된 연유도 우리는 국군의 통수권자에 의해 파병되었고 지금은 문재인 대통령님이 대한민국의 국군통수권자이기 때문입니다.

그리고 대통령님께서도 지난 3월 22일 베트남 쩐 다이 꽝 주석과 경제 관련 회담 중에 불행한 역사에 대한 유감의 뜻을 표현한다고 말씀하셨습니다. 대통령님의 이번 베트남 국빈방문 직전에 월남전쟁 당시 한국군에 의한 피해에 대해 공식 사과하겠다고 언론에 보도되었습니다. 사과요청 건으로 베트남공산당회의가 긴급 소집되어 수 시간에 걸쳐 회의한 결과 한국 측의 사과는 필요없다고 결론 내어 우리 측에 통보된 걸로 알고 있습니다. 그와 비슷한 시기에 이번 민간인학살에 대한 시민평화법정을 주최하는 한베평화재단 강우일 이사장이 발표한 성명서에 대통령에 바란다. 이번 방문 시에 대통령님께서 베트남에 공식적이고 공개적으로 사과를 하여야 된다고 요청하였습니다.

그러한 상태에서 대통령님은 베트남국에서 원치 않는 상태에서 유감을 표시한 것입니다.

우리 참전한 당사자들은 어떻게 해석해야 될지 심히 우려되는 바입니다.

월남전쟁도 월맹이 평화협정을 깨고 17°선을 넘어 남침하게 되어 일어난 전쟁이었으며 우리나라 6.25전쟁과 유사한 것입니다.

6.25전쟁에서도 중공군이 북한을 돕기 위해 수십만이 남침하여 많은 인명이 살상되는 피해를 겪었는데 중국이 우리나라에 사과를 한 적이 있었는지요? 시민평화법정을 개최한다고 하는 분들이 주장하는 1968년 2월 베트남 꽝남성의 퐁니, 퐁넷, 하미마을의 민간인 학살사건은 당시 미군수사기관에서 조사를 하였고 당사국인 자유월남정부에서도 조사를 하였으며 주월한국군사령부에서도 조사를 하여 한국군이 그랬다는 아무런 증거도 없었습니다. 그러한데도 불구하고 50여 년이 지난 지금에 와서 당시 월남전장에 있지도 않았고 당시 태어나지도 않았던 사람들이 지금 그 사람들의 허무맹랑한 증언과 기타 검증되지도 않은 증언으로 32만5천 명의 월남참전국가유공자의 명예에 대해 학살자의 불명예를 씌워 먹칠을 하

려 하고 있습니다. 이 시민평화법정은 과연 누굴 위한 법정이며 정부와 국민에게 어떠한 도움이 될까요? 백해무익한 이런 일들을 무슨 목적으로 하는지 심히 궁금합니다. 알량한 인도주의와 평화를 위해 하겠습니까? 그리고 이분들은 어느 나라 국민입니까?

존경하는 문재인 대통령님 호소합니다.

국가 명령에 의해 이역만리 열대우림의 전장에서 자유민주주의의 수호와 대한민국 국익을 위해 싸우다 산화하여 조국에 돌아오지 못한 5,099명의 전우영령님들은 지금 베트남 하늘에서 통곡하고 있을 것입니다.

그리고 32만5천 명의 참전자와 그 가족 300만 명의 명예가 걸린 중차대한 일이오니 국군통수권자의 명령으로 이러한 일들을 하지 못하도록 제지하여주시길 정중히 당부드립니다.

당시 우리 한국군은 연합8개국 중 제일 모범적인 군대였으며 특히 월남국민을 위한 대민사업, 도로, 교량, 학교, 의료지원, 태권도교육 등 수만 건의 대민지원과 봉사활동을 하여 세계 언론들이 극찬하였으며 월남국민들에게도 한국군이 자기들에게 필요한 군대라고 인식하게 되었던 것입니다.

주월한국군 채명신 사령관님의 지휘각서 제1호는 '100명의 베트콩을 놓치더라도 한 명의 양민을 보호하라'는 엄중한 명령에 의해 우리는 월남국민을 존중하며 작전을 하였으며 월남주민의 협력으로 큰 성과도 거두었습니다.

월남전쟁은 전선이 따로 없는 특수한 전쟁으로서 주민의 협력 없이는 승리할 수 없는 복잡한 전쟁이었습니다. 우리가 고의적으로 민간인들을 학살한다는 것은 당시 상상도 못할 상황이었습니다. 우리 월남참전자들은 명예가 소중합니다.

우리는 목숨 걸고 전쟁에 참전한 노병들입니다.

명예를 훼손하는 일이 공공연히 벌어진다면 우리가 어떠한 행동을 할

지 저희들도 모르겠습니다.

　부디 대통령님께서 국론이 분열되는 이러한 행위를 하지 못하도록 조치하여 주시길 월남참전자 32만5천여 명과 그들의 처와 자식 1백3십만 명, 부모형제 가족 300만 명의 소원으로 정중히 간청드립니다.

　아울러 대통령님의 국정수행의 성공과 행운을 기원드립니다.

〈우리의 주장〉

　1. 국가는 목숨 바쳐 참전한 파월용사들의 명예를 지켜주길 강력히 요청한다.

　2. 월남파병 당시 받지 못한 전투수당을 대통령님께서 밝혀 확실하게 해결 지급해 주길 요청한다.

　3. 파월 미망인에 대한 정중한 예우를 해 주길 요청한다.

　4. 대통령님의 베트남 방문 시(3월 23일) 월남전에 대해 유감표명으로 사과한 것에 대해 해명을 요구한다.

2018. 4. 12.

파월장병명예회복추진위원회

위원장: 우용락

부위원장: 김원호, 이대우, 류재호, 정현조 외 회원 일동

월남전참전자전우회 지킴이

　　얼마 전까지도 필자는 위와 같은 모임이 있다는 것을 몰랐다. 중앙회가 소송에 휘말리고 회장 부재상태가 계속되면서 일각에서 정풍운동이 일어나는 와중에 전우회를 걱정하는 소리가 드높은 가운데서 '지킴이'의 목소리를 듣게 된 것이다. 류재호 대장(隊長이라고 부르고 싶다)이 외치는 절규에 가까운 목소리 "새는 바람이 세차게 부는 날 둥지를 튼다"라는 글은 류재호 전우회지킴이 대장이 써서 신문에 기고한 글로 구구절절이 뼈에 스며드는 옳은 말이기에 여기에 싣는다.

"새는 바람이 세차게 부는 날 둥지를 만듭니다."

　　전우 여러분!
　　우리는 전선 없는 머나먼 월남 땅의 정글 속에서 보이지 않는 베트콩들의 저격을 받고 生과 死의 갈림길에서 쓰러져야 했고, 독사, 말라리아 모기, 독초(毒草)와 죽창, 철창 등 살인병기가 도처에 널려져 공포로 가득 찬 전쟁터에서 돌아와 이제 전쟁 트라우마와 고엽제 등 병마에 시달리며 살다가 이제 얼마 남지 않은 생(生)의 길목에 서 있는 老兵으로 변한 우리들입니다!

　　내 조국에 바라는 진정은?
　　귀국 후 반세기만에 '참전유공자예우라는 법'을 만들어 쓸모 가치도 없는 '국가유공자증'과 약소한 참전수당이 '참전자 예우'라며 백지 생색에 병들고 가난해진 노병은 하나 둘 그 命을 다하고 있음에 답이 없는 내 조국 대한민국이어!
　　정부는 참전자를 예우할 재정이 정말로 없나요?

금년 국가예산 4,000억불, GDP 1,500조, UN 가입국 193개국 중 12번째의 경제대국으로 세계인이 부러워하는 돈 많은 나라 한국입니다.

전투근무수당의 정부와 법의 판결?

법적 근거 부재로 지급의무가 없다는 정부와 국내 군인 보수법적용보다 상향지급으로 지급한 것으로 보며 시효소멸로 청구권 없다는 법원판결 수긍이 되시나요?

정치인들은 어떻게 말하나요?

"과거는 나라가 가난해서 이제는 경제대국으로서 국격(國格)과 국가 신용도 상승 등 모든 시스템 작동이 우수한 나라로 성장하였으므로 파월용사들의 전투근무수당 미지급금은 의당히 이루어져야 한다"고 하면서 선거철만 오면 이 카드로 표를 구걸하면서…, 예우는 보류하고 있습니다.

누가? 왜? 우리를 홀대하는가?

월남파병으로 67억 2,900만 달러의 외화를 획득한 우리디. 누가 우리를 홀대할 수 있는가? 한국을 36년간 수탈한 대가가(대일청구자금) 8억 달러, 파독광부, 간호사가 1,400만불, 중동건설용역비 10억불, 피와 땀과 목숨을 담보로 우리보다 외화를 많이 벌어온 자 있으면 나와라! 그런데 양민학살과 미군의 용병 등으로 매도하며, 이 모든 공을 희석하려든 일부 좌파세력에 함구하고 있는 정부와 동 정치인들….

지금 월참중앙회를 봅시다.

"중앙회장 정진호 등 임원 14명 직무정지."

중앙회는 다시 무주공산(無主空山)이 되어버리고 모든 업무가 중단되고 또 다시 송사에 휘말리고 말았습니다. 우리는 누구를 탓할 정신도 없습니다. 누구를 편들 여유도 없는 것이 우리 노병들의 입장입니다

전투수당 특별법도 급하지만 구수정 등 그에 동조하는 단체들의 움직임이 자칫 우리 노병들을 양민학살범으로 만들기 직전인데 중앙회는 죽어 있습니

다. 그래서 우리가 나섰습니다. 중단 없이 우리는 정부, 국회, 보훈처와 국방부를 상대해야 합니다.

단일 종군으로 한국에서 그 규모가 제일 큰 국가유공자보훈단체인 '월참회'에 우리들의 명예를 지키는 업무 중단은 없어야 합니다. 누구 탓도 아닌 '우리 탓'임을 인지하고 주인인 우리 회원 모두가 나서서 중앙회와 우리의 명예를 지켜야 합니다.

왜? '월참전우회지킴이'가 탄생되었는가? 이 모임이 태동된 것은 3년 전으로 거슬러 돌아보며 무엇인가 부족한 중앙회를 바로 세우고 지켜야겠다는 뜻을 함께한 전우들이 모인 친목단체가 '지킴이'입니다. 이제 참 전회원님들에게 간략하게 뜻을 알리고 양지에서 활동하기 위함입니다.

첫째: 중앙회와 정책보조 등 아이디어 제공

둘째: '특별법제정'을 주된 사업으로 관련 단체와 협력

셋째: 중앙회와 광역단체지부, 시군구지회 조직의 정당한 조직활동과 조언, 감시

넷째: 모든 사항의 중재자로서의 조정, 화해, 단합에 노력

다섯째: 뜻이 같은 회원친목단체와 연대 등

전우여러분! 현 중앙회로는 우리 숙원사업의 완성에 한계가 있을 수 있다는 생각에 뜻있는 전우들이 모여 새로운 정책과 아이디어를 내고 중앙회가 원활하게 사업수행을 할 수 있도록 외곽에서 지원하자는 뜻입니다.

소금 3%가 바닷물을 썩지 않게 하듯이 우리 월참회원들의 3%의 마음씨가 우리의 전우사회를 풍요롭고 단합된 힘으로 노병들의 숙원사업을 이루도록 하여, 허약한 중앙회를 지탱함으로써, 회원과 중앙회의 '마중물'이 되어 줄 회원 여러분의 동참과 성원을 바랍니다.

2017. 9.

월남전참전자전우회지킴이연합 회장 류 재 호

🌸 월남참전 단체 개혁운동
뜻 있는 전우들─중앙조직의 병폐에 분노

　2018년 6월 15일 서울시청 잔디광장에서는 「월남참전개혁연대」 회원들의 '만남의 장'이 열렸다. 월남참전용사의 대표단체인 공법단체가 소송싸움으로 회장이 공석인 가운데 반년 이상 중앙집행부가 공전하는 와중에 '양민학살설 유포에 의한 명예훼손' '미지급 전투수당 문제' 등 시급히 해결해야 할 문제들을 풀지 못하고 공회전하는 가운데 참전노병들의 조급한 마음에 개혁의 외침은 한 줄기 단비와 같은 소식이어서인지 홍보의 부족에도 불구하고 많은 참전용사들이 모여들었다.

　이날 행사는 오전 11시 30분부터 미모의 묘령 여성 사회자가 '자신은 월남참전용사의 외손녀'라며 "여러 어르신들을 뵈오니 월남 갔다 오셔서 고엽제로 돌아가신 할아버지를 뵙는 것 같아 가슴이 벅차오른다"며 "저는

개혁연대 임원들(앞줄 우측에 두 번째가 송해철 회장)

여러분들께서 무엇이 답답하고 무엇을 위해 이 땡볕 아래 모이신 줄을 안다"고 말하니 우레 같은 박수가 쏟아졌다(사회하는 여성은 전 KBS 아나운서). 본 행사가 시작되기 전 대구에서 올라온 안형준 전우(대구시 지부장 겸 가칭 '월남참전단체 적폐청산추진위원회 회장')이 잔디밭에 모여 있는 전우들을 향하여 전투수당에 관한 이야기를 소상히 들려주자 전우들은 깊은 관심을 가지고 경청하며 간간히 궁금한 사항에 대하여 질문을 던지기도 하였다.

6.15 개혁연대 '만남의 장' 개회사

존경하는 월남참전 전우님들, 그리고 내빈 여러분!
저희 만남의 장을 찾아 주심에 진심으로 감사드립니다.

오늘날 월남참전용사 대표단체의 부정과 비리는 이미 도하의 여러 언론들이 대서특필로 보도한 바 있고, 그리고 개혁의 필요성에 대하여는 지금도 전우들이 모이는 장소라면 어디서든지 말이 나오고 그 비리에 얽힌 난맥상과 전우들의 직간접적인 피해에 대하여 우리들의 답답한 심정을 토로하는 무수한 이야기가 오고 갑니다.

전우회 지도부의 식물화 상태는 파월용사 노병들의 입장에서 남의 일이 아니고 바로 우리들의 일입니다. 대한민국월남참전자회는 공법단체로서 해마다 수십 억이라는 거금의 정부 지원을 받아 운영되고 있느니 만큼 전우들을 위한 참전유공단체로서 시대에 맞게, 국민의 존경과 신뢰를 받는 애국자 단체로 거듭나야 할 사명이 있습니다.

또한 전우들의 복지와 친선을 도모해야 함에도 불구하고 해임된 전 정회장은 이미 회장 자격이 없음이 법원의 판결에 의해 선고됐고 지부장을 매관하여 1억8천만 원을 배임수재한 혐의로 구속영장이 청구됐으나 불구속 기소되어 재판 중임에도 불구하고 공법단체의 장(長)으로서 전우들 앞에 사죄하고 양심적인 자퇴를 하지 않고 법정싸움을 계속하고 있습니다. 한편 국가보훈처의 파면조치로 전우회는 법정 회장대행 체제로 무주 공산인 월남참전자회가 표류 중이니 이 얼마나 수치스러운 일입니까? 여 러분!

이러한 상황에서 전우회의 적폐청산은 시대정신인 바 이를 안타깝게 여기며 방치할 수 없어 이렇게 월남참전개혁연대가 나섰습니다.

친애하는 전우여러분!

베트남 전쟁터에서 5,099명의 전우를 잃고 우리는 요행히 살아서 돌아 왔습니다. 그러나 지금은 늙고 병들어 힘들게 살아가는 전우들이 많습니 다. 전쟁의 와중에 찢기고 다친 상이전우와 애국자라는 자부심만을 안고 사는 22만여 생존 전우들의 생전에 알고자 하는 참전수당의 진실은 무엇 입니까? 국가에게 강탈당한 참전수당을 이토록 민주화된 밝은 세상에서 이제라도 받아야겠다는 우리들의 외침이 허욕입니까? 망령된 것입니까?

여러분! 이제 앞장서서 나서야 할 때가 지금으로 생각되는 바 촛불민심 으로 세워진 이 정부 임기 내에 해결하고자 저희들이 앞장섰으니 월남참 전 전우님들이 뭉치고 힘을 합쳐 해결합시다!

존경하는 내빈님들 그리고 전우님들!

55년 전 베트남의 정글에서 피땀 흘린 잊을 수 없는 전생의 상처뿐인 영광을 추억하면서 오늘 '만남의 장' 축제에 여러 전우님들의 자랑스런 얼굴을 마주하며, 궁금했던 브라운각서의 진실과 어떻게 하여야 명예회 복과 잊을 수 없는 참전수당을 받을 수 있는지 배포하는 참고자료를 보시 고, 알고, 행동해야 성취할 수 있습니다!

이를 위해 저희 월참개혁연대에 적극 동참하셔서 회원가입과 후원을 간곡히 부탁드리며 저희는 전우님들의 기대에 어긋나지 않도록 최선을 다할 것을 다짐하며 개회사에 갈음합니다. 감사합니다! 사랑합니다.

2018. 6. 15 만남의 장에서

회장 송 해 철

탄원서 운동

전우개혁연대는 현재 문제되고 있는 중앙회 난맥상의 원인제공자에 대하여 직접 이름을 적시하여 문재인 대통령을 비롯하여 관계요로에 제출할 탄원서를 받고 있는데 지금까지 전우사회를 위한다고 목청을 높이는 어느 누구도 감히 하지 못할 일을 과감히 진행하고 있어 그 귀취가 주목되는데 이들의 적극적인 행동에 호응하는 전우가 상당히 많은 것으로 들려온다. 이들은 이미 1천여 명의 서명을 받은 것으로 짐작된다.

*탄원서의 내용이 직설적이고 적나라하여 본 저서에는 넣지 않기로 한다.

2018년 6월 15일 개혁연대가 주최한 서울 시청 앞 광장의 전우만남의 장에 모인 전우들의 모습

전우회 중앙조직이 공동상태에서 궁여지책으로 중요한 직분이 '대행'이라는 꼬리표가 붙은 채로 굴러가는 기간이 길어지는 가운데 전우사회 여기저기에서는 또 다른 개혁바람이 불고 있었다.

또 다른 일각의 정상화운동

필자는 7월 중순 어느 날 경향 각지에서 올라온 전우들이 모인 자리가 있다고 해서 부랴부랴 가봤더니 참석한 전우들이 하나같이 옳은 소리를 쏟아내는 것을 보고 '전우사회에 아직도 희망이 있구나!' 하는 생각을 했다. 여수에서 올라온 강신오(姜信五) 전우, 충청도 서산에서 올라온 고광우 전우, 경기도의 김원길 전우, 서울의 서정호, 이용복, 이병문 전우 등이 바로 그들이었다. 전우사회를 바로 잡아야겠다는 굳은 의지가 역력히 보이는 이들의 입에서는 하나같이 정의로운 지론이 쏟아져 나왔다. 모두가 든든한 모습이었다.

🌿 (가칭)월남참전 적폐청산추진위위원회
— 깨끗하고 바른 전우회를 위하여 지도부는 정도를 걸어야 한다.

    월남참전전우회의 난맥상이 오랫동안 지속되는 가운데 그 원인은 전우단체의 지도부가 전우들의 권익과 명예를 위하여 전념하기보다는 사심을 가지고 의롭지 못한 사욕을 추구하거나 직책에 연연하여 영구집권을 위한 비정상적인 구조변경을 하는 등의 편법을 자행함으로써 분규를 초래하였고, 결국에는 소송전쟁으로 이어짐으로써 공법단체인 전우회는 국가유공자의 모임답지 못하게 세인의 눈총을 받기에 이른 것이다.

    이에 올바르고 깨끗한 전우회를 희구하는 목소리가 높아진 가운데 '전우회 적폐청산'의 기치를 높이 들고 발 벗고 나선 전우가 있다.

    그는 다름 아닌 현재 대구광역시 지부장 대행을 맡고 있는 안형준 전우이다.

    "우리 전우회는 하나 밖에 없는 소중한 목숨을 던져 국가에 헌신한 참전용사들의 단체로서 국민에게 부끄럽지 않은 깨끗하고 올바른 단체로서 모범이 되어야 합니다. 그럼에도 불구하고 오늘날 전우회는 전체 월남참전전우들의 얼굴에 먹칠을 하고 있습니다. 요즘 적폐청산의 새 바람이 불고 있는 시점에서 극소수의 전우회 간부로 인해 전체 전우가 얼굴을 들고 다닐 수 없는 지경이 되었으니 가만히 앉아서 오물세례를 받은 격이 아닙니까? 이와 같은 적폐는 최단시간 내에 청산하지 않으면 우리 전우들에게는 명예도 권익도 없습니다. 전우회가 바로 되기 위해서는 무엇보다 먼저 지도부 수장이 정도를 걸어야 합니다."

    안형준 전우의 말은 백번 지당한 말이다. 그의 역동성 있는 언어에는 자신감과 패기가 넘쳐났다. 그 가슴 속에는 그가 말하는 대로 실천하여 성공할 확실한 방략이 담겨 있는 듯이 느껴졌다.

안형준 전우는 '월참 전우님들에게 알립니다!' 라는 팸플릿을 제작하여 배포하고 있는데 전우회가 지금까지 걸어온 과정에서 잘못 된 부분들을 예리하게 파헤치며 지적함으로써 전우들의 공감을 사고 있다. 그야말로 타개해야 할 '적폐(積弊)'를 우리들 스스로 만들었으니 국민을 보기에 부끄러운 일로써 외부의 간여가 아닌 우리들 스스로의 양심과 애국심(초심)으로 도려내야 할 일이 아니겠는가?

팸플릿은 공법단체가 된 이후부터 오늘까지 전우회 내분과 소송 싸움, 그리고 해결해야 할 전투수당문제, 명예선양과 복지증진에 대한 방치, 즉 '깜깜이 대처' 소위 4.20~4.22 평화법정에 대한 무대책(無對策) 등에 대하여 통렬한 비판을 가하고 있다.

안형준 전우는 "전우회가 어느 정치집단도 아니면서 '패거리 형태'를 취하고 있는데 이제는 청산해야 한다"고 기염을 토한다. 그리고 "이제는 누구나 공감할 수 있는 밝은 업무추진을 촉구한다"고 했다. 그는 끝으로 전체 전우들의 명예가 땅에 떨어져 있는 사례들을 낱낱이 열거하며 "지금 전우들이 설 땅은 어디인가?"라고 피를 토하듯 절규했다. 가슴이 찡하게 아려 옴을 느끼는 장면이다.

필자는 그의 생각과 지론에 백번 공감하면서 '혹시' 하는 생각이 들어 그의 속내를 궁금히 여겼던 바 그 또한 필자의 의중을 간파하고 "저는 추호의 사심이 없습니다"라는 말을 하였다. 옆에 앉은 전우회 중진이 몇 명 있어 그의 말을 경청하였다. 필자는 내심으로 '이렇게 훌륭한 전우가 있었던가? 대욕(大欲)은 무욕(無欲)이라 했는데…' 하면서 한편으로는 아쉬운 생각이 들었다. 장차 전우회 발전을 위해서 유용하게 쓰일 큰 재목이라는 생각을 떨칠 수가 없었다.

사이공포럼
채명신 장군 돕기 위해 창립 이후 순수 친목 단체로 전환

1997년 필자와 권일부, 신호철, 최동식, 이은성 전우 등이 만든 친목단체로서 회원 수가 30여 명에 이르렀고 전국 모든 광역단체에서 전우법인체 허가를 받아 따로 활동하는 현실을 안타까이 여겨 전국 각지의 법인단체 회장들을 용산 용사의 집으로 초대하여 '전국법인전우연합회'를 구성하게 한 바가 있다.

이 때 연합회장에 우용락 경상북도 회장이 당선되었다. 사이공포럼은 필자가 대표를 내놓은 이후 권일부, 신호철 등이 대표를 맡아 매월 모이며 친목을 다지고 외국 관광도 다니는 등 좋은 모습을 보였는데 지금은 상당수 회원이 타계하고 분산되어 10여 명으로 축소되었다. 전우사회에 많이 알려진 임동후 시인도 이 모임에 계속 나간다고 했다.

친목이 돈독한 사이공포럼 회원들

🌸 「월남참전기념일」제정에 대하여

　월남참전원로회의는 「월남참전기념일」 제정에 대한 건의를 2014년 8월 아래와 같이 국가보훈처에 제출한 바 있다.

　수신: 국가보훈처
　발신: 월남참전원로회의
　제목: 「월남참전기념일」 제정에 관한 품신

　1. 구국과 호국을 위해 헌신한 국가유공자 및 보훈가족의 보호와 예우를 위한 정책개발과 다각적인 노력을 경주하고 계시는데 대하여 심심한 경의와 감사의 염을 금치 못하는 바입니다.
　2. 저희 모임은 '월남참전원로회의(이하 본 회의라 합니다)'로서 1988년부터 월남전참전자들의 전우회 활동이 시작된 이래 각급 제대에서 조직의 간부로서 직분을 수행하고 은퇴한 고령의 전우로 이루어진 기구로 현재 활동 중인 국가인정(공법단체) 월남참전 관련단체를 공히 지지하며 그 중립에서 마음으로 성원하는 입장에 있습니다.
　3. 금번 귀처에 품신하고 싶은 바는 한국군의 「월남참전기념일」에 관한 문제입니다. 국군의 1964년 베트콩 게릴라의 준동으로 내전에 시달리던 자유월남공화국에 의무지원을 위한 제1이동외과병원(태권도 교관단 포함)을 필두로, 건설지원을 위한 비둘기부대 파견으로 시작되어 연이어 맹호, 청룡, 백마부대 등 전투부대까지 파견한 8년 6개월여 기간의 월남전참전은 5천년 역사에 특기할 만한 대사건으로 그 역사적 의미와 자주국방력 향상, 경제발전의 기초를 쌓은 점 등 성과면에서 나타난 긍정적 효과는 우리 대한민국 역사의 흐름을 변전시킨 것이 엄연한 사실입니다.

그 중심에 32만 명 파월용사와 월남 땅에서 참전 중 산화한 5천여 전사자의 영령이 있었습니다. 또한 전후에 발생한 후유증으로 고엽제 질병 환자와 병수발에 시달리다 가장을 저세상으로 보낸 유가족의 애환이 깃들어 있는 것입니다. 이제 파월 50주년을 맞이했습니다. 32만여 파월용사들에게 다소의 위로와 긍지가 될 「월남참전기념일」 제정은 너무도 늦은 감이 없지 않습니다.

4. 현재 국가보훈처에서는 그 필요성에 공감하며 그 제정과 50주년 행사를 위해 지원까지 구상하고 계시는 것으로 알고 있습니다. 그런데 '어느 날짜로 정할 것인가'에 대하여 견해의 일치가 아직 이루어지지 않은 것으로 전언이 들리는데 다만 본 회의에서 귀처에 품신하고자 하는 요지는 전우들(대다수)의 뜻에 따라 정해 주십사 하는 것입니다.

5. 본 원로회의에서 토론과 숙고를 통해 일치된 견해는 9월 25일이 가장 합당한 날짜로 생각한다는 것입니다.

저희들은 그동안 참전사(參戰史)를 다각적으로 검토하고 역사적 고증 등을 거쳐 견해의 일치를 보게 된 것입니다. 이점 널리 혜량하여 주시기 바랍니다.

끝으로 귀 국가보훈처의 무궁한 발전과 처장님을 비롯한 전 직원들의 건강과 행운을 기원합니다.

2014년 8월 일

「월남전참전일」 제정에 관한 학술세미나에 붙이는 所感

"월남참전기념일은 이미 50년 전에 정해져 있었다."
문제는 정부의 결단 = 국가기념일로의 제정 여부
배정(전 베트남참전전우회 홍보실장, 현 원로회의 고문)

지난 2013년 8월 14일 대한민국월남전참전자회와 국회(문병호 의원, 이명수 의원)가 공동주최로 국회로 헌정기념관에서 개최한 제2회 월남전참전 학술세미나는 평소 참전자 문제에 각별한 관심과 애정을 가지고 연구가 깊었던 보훈학회 학자 분들이 패널로 나와 예우문제, 전투수당 등 예민한 문제에 대해 심도 있는 연구 결과를 발표하여 강당을 꽉 메운 월남참전 노병들의 반응이 무척이나 뜨거웠다. 특히 필자는 한국 최초로 보훈학(報勳學)을 개척하여 독보적 권위를 지니고 계신 유영옥 박사의 '타국가유공자와 월남전국가유공자와의 형평성 문제'라는 제목으로 발제한 고론(高論)에 대하여 경의를 표하여마지 않는다.

이어 박정현 교수의 '월남전참전자를 위한 전투수당 연구' 제2발제와 이용자 보훈학회장의 토론은 지금까지 이론적 뒷받침 없는 전우들의 목소리 뿐 답보상태에 있었던바 이제야 물꼬가 트이는 기분이 든다. 일례로 중앙회 이장원 전우는 일찍이 20여 년 전부터 이 전투수당문제에 목을 매다시피 전념하여 각종 근거가 될 만한 자료를 수집하며 노력해 왔던 바 이번에 학자분들의 이와 같은 적극적인 연구가 뒷받침하게 되었으니 기필코 목적이 달성되리라는 희망을 갖게 되는 것이다.

이번 세미나의 의미는 전국의 전우들에게 여러 측면에서 희망을 준 행사였다고 해도 과언이 아닐 것이다.

각설하고 필자가 본문에서 다루고자 하는 주제는 「월남참전기념일」 문제이다. 2014년이면 월남파병이 이뤄진 지 제50주년을 맞는 해로서 이를 계기로 긴박하게 논의되고 있는 문제는 "50주년을 맞으면서 기념일도 없이 어떻게 기념할 것인가?" 하는 것이 공통된 전우들의 불만이요 고민꺼리이다.

이에 대해 참전일(국가기념일) 제정의 당위성을 강조하는 유영옥 박사의 논지에 본인은 물론 참석한 참전자들이 열렬한 호응을 보인 것은 너무나 당연한 일이었다.

파월전우사회에서 '월남파병의 날'을 제정하자는 논의가 일게 된 것은 10여 년 전부터인 것으로 기억된다. 그때는 본인도 기왕에 파월의 날이 존재했었다는 것을 미처 모르고 있었었기에 상당기간 어느 날이 적절한 날인가 하고 고민해 왔던 것이다. 우리 국군의 월남파병은 단순한 하나의 군사적인 측면의 국가행위를 넘어 대한민국의 정치, 경제, 군사, 외교, 사회, 문화 전반에 걸친 일대 변혁의 출발점이었다고 해도 과언이 아니다. 그렇다면 그 변혁의 출발점이 된 파월의 날을 기념하는 역사의 표석을 세우는 것은 너무도 당연한 일일 것이다. 더구나 참전자들은 당시에 몸과 마음을 던져 자유월남을 도왔는데 보람도 없이 패망해 버려 그 전선에서 산화한 자, 부상당한 자, 무서운 질병(고엽제)을 얻은 자들이나 가족은 명예와 공훈을 잃었고 자긍심조차 잃은 마당에 오직 바랄 곳은 정부와 국민의 배려뿐인 것이다.

월남파병이 50주년을 목전에 바라보는 시점에서야 겨우 얻은 참전자들의 '국가유공자' 호칭은 허울뿐 월 22만원의 참전수당으로 허탈감이 이만저만이 아닌데 새로 등장한 문재인 정부는 의무복무 현역사병에게 40만원의 봉급을 주자는 계획을 발표하였다. 이런 마당에 참전노병들의 상대적 상실감은 더욱 커져만 가고 있는 야릇한 사회분위기 속에서 이들을 위로할 길은 무엇인가?

예비역의 사기는 현역의 사기와 직결되는 것인데 국가에 헌신한 노병들을 이렇게 슬프게 하는 일이 과연 온당한 것인지 모르겠다. 이렇게 버려진 노병들에게 마음을 위로해 줄 방법의 일환인 참전의 날(국가기념일) 제정과 진정성의 배려가 담긴 기념사업이 정부 또는 국민적 차원에서 기획되어야 할 시점이라고 보는 것이다.

이는 비단 참전자들만의 감정이나 정서적 차원을 넘어 한 국가 한 민족의 긍지와 역사적 차원에서 다뤄져야 할 문제이다. 충무공의 난중일기나 조선조 5백년 실록이 세계문화유산으로 중요시 되는 이유와도 상통하는 것이리라.

월남참전일 국가기념일 제정의 당위성을 강력하게 주장한 유영옥 박사의 주장은 모든 월남참전자의 공통된 숙원으로 부언이 필요 없거니와 "어느 날로 정할 것인가?" 하는 문제에 대해서는 세미나서 유 박사가 팸플릿에서와 같이 가능한 날짜들을 열거하며 세밀히 검토하였다. 그런데 필자는 참전일을 선택하는 이 문제에만은 유 박사님의 견해에 동의할 수 없다는 것을 분명히 한다.

유 박사께서 제시한 기념적인 날들은 아래와 같이 되어 있다.

▲ 1964년 7월 18일—사전에 현지에 파견될 선발대로 이훈섭 준장 이하 5명의 참모 및 수행요원 등 총 20명 미만의 요원을 구성한 날

▲ 1964년 9월 11일—101이동외과병원(태권도교관단 포함) 요원 부산항 출항

● 1964년 9월 22일—101이동외과병원 요원이 사이공부두에 도착한 날

● 1964년 9월 25일—101이동외과병원 요원들이 붕타우로 이동하여 태극기를 게양하고 진료업무를 시작한 날, 즉 병원 개소일

▲ 1965년 9월 20일—해병여단 청룡부대 결단식이 있던 날

▲ 1964년 10월 12일—맹호부대 여의도 비행장 환송식

▲ 1965년 9월 25일—사이공 주월한국군사령부 창설일(필자 註: 주월한국군사령부 연병장에 태극기를 게양한 날, 당시 정부에서도 월남참전일

로 기념한 날)

〔주: ▲유영옥 교수가 열거한 날, ● 필자가 지적한 날〕

위와 같은 날들을 열거하고 그 중 최초의 선발대 구성한 날인 7월 18일을 가장 적절한 날로 생각한다고 의견을 제시했다.

이에 대한 필자의 소견은 이렇다.

● 첫째 7월 18일은 보훈관계법령의 하나인 '월남참전자 예우 및 지원에 관한 법률(제2조)'에 월남참전자의 정의를 1964년 7월 18일부터 1973년 3월 24일까지 월남전에 참전한 자라고 규정한데 근거한 날짜인데 이는 우리 정부가 1964년 7월 15일 자유월남 정부로부터 파월요청서를 접수하고 서둘러 파월을 위한 선발대 요원들을 임명한 날짜인 것으로 파월 문제와 관련해 아무런 행위가 이루어진 일은 없어 사실상의 참전일로는 전연 고려조차 할 수 없는 의미 희박한 것이다.

그런데 국가보훈처가 제안하여 정해진 참전자 예우에 관한 법의 취지는 한국 정부가 1964년 7월 15일 정식으로 자유월남 정부의 파병요청을 접수하고 국회의 인준 등 절차가 남았지만 파월 결정은 기정사실로 극소수의 선발대 장병 중에서라도 행여 신체적 피해자가 발생했을 경우 이를 보호하기 위한 배려에 의한 것이라고 이해하는 것이 타당한 해석임을 유의할 필요가 있고 더 이상의 의미를 부여함은 불가한 것으로 사료한다.

※ 또한 간과할 수 없는 중요한 문제는 정부의 파월 동의안(同意案)이 국회에 제출되어 가결된 날은 동년 7월 31일로 만일 7월 18일을 파월의 날로 인정한다면 대한민국은 국회의 동의를 득하지 않고 파월을 단행한 것으로 엄청난 위법을 저지른 것이 될 수밖에 없는 것이다.

● 10월 24일은 최초 파병 이후 다음해 전투부대인 맹호부대의 환송식이 여의도 비행장에서 거행된 날로서 혹여 맹호부대 파월의 날이라면 일리가 있을지 모르나 국군의 파월의 날로 인식하려는 것은 크나큰 착오가 아

닐 수 없는 것이다(혹시 맹호부대 요원 중에서 주장하는 전우가 있는지 모르나 짧은 생각이다).

●그렇다면 법리적으로나 실제 역사적인 문제를 포함하고 참전자들의 정서까지를 종합적으로 고려하여 타당한 일자는 어느 날이 맞는 것일까?

가장 중요한 것은 역사의 현장에서 땀과 눈물을 흘리며 울고 웃었던 우리들 참전자들의 정서의 공감이 있어야 한다. 참전자들의 정서는 자신들이 실제로 땀을 흘리며 행위가 있었던 날이나 장소에 있는 것이지 고위 사령부 사무실에서 이루어진 어떠한 행정적인 일에서는 아무런 감각도 느끼지 못할 것이다. 반세기가 지난 지금도 우리 파월 용사들의 마음과 기억은 남지나해 월남의 정글을 시시때때로 떠올리며 살아가고 있는 것이다.

●필자의 견해는 한국군이 모든 법 절차를 거쳐 완벽한 참전준비를 갖추고 행군하여(수송선을 타고) 월남 땅(사이공 항구)에 첫발을 디딘 날인 1964년 9월 22일이거나 그 3일 후 실제 임무수행 장소인 붕타우 기지에서 태극기를 게양함과 동시에 임무를 개시한 9월 25일을 기념일로 정하는 것이 가장 타당한 일자로 보는 것이지만 이것조차 1년의 시차를 두고 공교롭게 일치된 9월 25일을 기념일로 하여 기념행사가 연례적으로 행해졌던 바 이렇게 역사적 근거가 엄연히 있는 것이고 보면 군이 차언 피언 여러 말을 할 필요가 없는 것이다.

이러한 설왕설래는 그동안 근거 자료를 찾지 못해 그랬던 것인데 3~4년 전 파월전사연구소 K소장이 필자에게 박정희 대통령의 메시지와 주월사령부설치령의 법조문을 보내 주어 9월 25일 論에 더욱 확신을 갖게 되었다.

그런데 여기에 추가하여 최근 제2대 주월한국군사령관을 역임하셨던 이세호 장군의 저서(한 길로 섬겼던 내 조국)가 출간되어 파월 기념일에 관한 대목이 있음을 보고 월남참전기념일의 기존 사실에 쾌재를 부르게 된 것이다.

🌿 1964년 9월 25일의 意味

제1이동외과병원장 이형수 중령을 단장으로 하는 주월한국군사원조단은 각계 원로와 군 수뇌부 및 파월 가족 그리고 부산시민들의 환송을 받으며 부산을 떠났다.

해군 제2전단 소속 LST 315호에 탑승한 병원부대와 태권도 교관단은 10일간의 항해를 무사히 마치고 9월 22일 사이공항에 도착하였다. 부두에는 신상철 대사를 비롯해서 구엔 칸 수상, 웨스트 모얼랜드 장군 등 3개국 수뇌들이 영접을 나왔으며 월남 시민들의 열렬한 환영을 받았다. 9월 25일에는 병원 주둔지(월남 육군정양병원) 붕타우에 도착해 자리 잡았다.

★ 1965년 9월 25일을 뒷받침하는 주월한국군사령부 설치령이다.

駐越南共和國韓國軍司令部設置令 [제정 1965.9.29 대통령령 제2226호] 第1條(設置)

越南共和國의 對共作戰을 支援하기 위하여 派遣된 國軍諸部隊를 統合指揮하게 하기 위하여 國防部長官 소속하에 駐越南共和國韓國軍司令部(이하 "司令部"라 한다)를 둔다. 附則 ①(施行日) 이 令은 1965年 9月 25日부터 適用한다.

★ 다음은 박정희 대통령의 기념메시지이다.

"주월한국군 창설 제4주년에 즈음하여"

친애하는 주월국군장병 여러분!

오늘 주월한국군창설 제4주년 기념일에 즈음하여 나는 온 국민과 더불어 주월국군장병 여러분의 승리와 영광을 축원해 마지않습니다.

우리나라 역사상 처음으로 해외에 나가서 자유와 평화의 대의를 위해 분투해온 여러분들은, 그동안 청사에 길이 빛날 혁혁한 성과를 이룩했습니다.

포화가 빗발치는 전쟁터에서는 뛰어난 용맹과 필승의 신념으로 상승무적의 위력을 발휘하여, 전승의 금자탑을 세워 전세를 유리하게 이끌어 왔고, 전화가 휩쓸고 간 파괴와 폐허의 잿더미 위에는 건설과 부흥의 초석을 다져, 재기하려는 월남국민에게 미래에 대한 희망과 용기와 자신을 안겨다 주었습니다.

여러분들이 자유의 용사로서, 또는 건설의 역군으로서 월남 땅에 이룩한 모든 성과는 오늘날 세계 자유민들의 경탄과 찬사를 모으고 있을 뿐 아니라 고국에 있는 국민들도, 여러분들이야말로 민족의 자랑이요, 약진한국의 희망이라고 진심으로 흐뭇하게 생각하고 있습니다.

여러분들이 거둔 찬연한 승리의 기록, 여러분들이 보여준 참다운 군인 정신, 그리고 여러분들이 이룩한 평정과 건설의 성과는 20세기 후반의 가장 훌륭한 무용담(武勇譚)으로, 또 대한남아의 기상과 역량을 과시한 주월한국군의 영광의 징표로서 후세에 길이 회고될 것입니다.

이제 월남 땅에 평화가 찾아올 날이 머지않았습니다. 여러분은 우리 국민과 월남국민의 여망과 기대에 끝까지 부응하여, 평화건설의 보람 있는 사명을 완수하고, 조국의 국위를 더욱 선양하는 데 배전의 분발과 용전 있기를 당부하는 바입니다. 나는 여러분들의 그 뛰어난 용기와 투지와 신념이 반드시 자유월남의 명예로운 평화를 회복하고야 말 것을 확신합니다.

고국에 있는 온 국민은 여러분의 영예로운 개선을 손꼽아 기다리며, 일면 국방, 일면 건설의 거족적 노력으로 여러분의 승리를 뒷받침할 것입니다.

끝으로 장병 여러분의 무운장구를 빌면서, 여러분의 앞날에 신의 가호와 은총이 있기를 기원하는 바입니다

1969년 9월 25일

대통령 박 정 희

★ 주월한국군사령부는 참전기간 매년 9월 25일에 기념식을 거행하였다.

제2대 사령관을 역임한 이세호 장군(예비역 대장)의 저서 《한 길로 섬겼던 내 조국》 446쪽에는 이렇게 기록되어 있다.

"9월 25일(1970년)은 주월한국군 창설 제5주년이다. 창설기념식을 위하여 한국정부 대표로 박기석 원호처장이 참석하였고, 월남 정부 대표로는 키엠 수상이 참석하여서 이 기념식을 더욱 빛나게 해주었다. 먼저 박정희 대통령 각하의 격려문을 박기석 원호처장이 대독하였고" …(후략)…

■ 참전 당시부터 이미 「월남참전기념일」은 정해져 이 날을 기해 박정희 대통령은 주월한국군장병들에게 간곡한 격려의 메시지를 보낸 것이다. 또한 주월한국군사령부에서는 본국으로부터 대통령의 메시지를 휴대하고 파견된 특사를 맞이하여 기념행사를 성대히 치름으로써 장병들의 사기진작과 자긍심을 고취시키고 있었다는 사실이다.

그러니까 일제 강점기에 우리 민족의 고유한 전통 명절인 '설'을 없애기 위해 우리 명절을 구정(舊正)이라고 폄하하고 동시에 양력 1월 1일을 신정(新正) 명절로 쇠게 강요했던 일이 있었는데 8.15 해방 이후 한참만에 우리 명절 '설'을 되찾게 되었다.

우리 전우들이 월남참전기념일을 가지고 설왕설래하는 자체가 어쩌면 하나의 우화(寓話)인 것 같다. 우리 속담에 '업은 애기 삼년을 찾는다'는 말대로 이미 정해져 있는 '우리 기념일'을 새로 정한다고, 여기저기서 찾는다고 두리번거리는 꼴이 아닌가? 실로 웃기는 일이 아닐 수 없다.

여기에 박정희 대통령의 주월한국군사령부 창설기념일 메시지에 의미를 부여한다면 9월 25일은 파월기념일로서 가장 적절한 일자가 될 수 있다는 결론에 도달한다. 이는 이미 있었음에도 잃어버리고 있다가 되찾아내는 것이지 새로이 정하는 것이 아니라는 것이다.

대저 기념일이란 행위가 이루어진 날로 정하는 것이 상례(常例)이다. 가령 인천상륙작전기념일이 9월 15일인데 이날은 UN군과 한국군 해병대가 1950년에 인천부두에 상륙하여 교두보를 형성하고 수도 서울을 향해 진격을 시작한 날이다. 만일 어느 누가 인천상륙작전기념일은 이를 최초로 계획한 날이 중요하다 하고 혹자는 그날 상륙한 선박 및 병력이 출발한 날이 중요하다며 포항이나 부산에서 출항한 날로 기념일을 삼자고 우겨댄다면 수긍하기가 어려운 일이다.

■ 군대와 깃발은 중요한 관계가 있다.

결론적으로 9월 25일의 의미는 우리 국기 태극기가 우리 군대와 함께 해외의 하늘 아래에서 당당히 펄럭이게 된 날이라는 것이다. 여기에 박정희 대통령의 주월한국군사령부 창설기념일 메시지가 역사적 문건 자료로서 결정적인 의미를 부여하며 파월기념일로서 가장 적절한 일자가 될 수 있다는 논거(論據)를 입증한다. 결국 우리는 이날을 우리의 참전기념일로 선택할 수밖에 없다는 결론에 도달한다.

■ 과거 국력의 쇠퇴에 의해 온갖 굴곡의 역사를 걸어야 했던 현대사에서 세계적 전환기 역사의 소용돌이 속에서 당당히 국제사회의 일원으로서 세계평화를 위해 당당히 해외에 평화군을 파견한 날인 9월 25일을 '국가기념일'로 정하여 국민적 축제일로 삼는 것이 백번 옳은 일이라고 생각하여 이를 강력히 주장한다. 참전 장병에 대한 예우도 지극히 미흡한 현실에서 앞으로 1년 후 참전 50주년을 정부가 기념일조차 없이 맞으라고 한다면 이는 노병들을 너무나 슬프게 하는 것이다. 정부의 바른 인식과 결단을 촉구하는 바이다.

▲ 추가하여 참고삼아 역사적인 사례와 정서적인 문제를 첨언하자면 호주의 앤잭 데이(Anzac Day)를 상기시키고자 한다.'

◆ 세계 제1차 대전 때 갈리폴리 전투는 일명 다르다넬스 전역이라 부르

는데 이 작전의 결정적인 계기는 1915년 1월 초순 러시아가 영국에 대해서 터키에 대한 견제작전을 요구한 데서 시작된다. 1915년 2월 19일 준비사격을 개시하였으나 큰 피해만 입다가 1915년 4월 25일 호주 뉴질랜드연합군인 앤잭군(Anzacs, Australia와 New Zealand 군을 합성한 단어) 함대가 터키의 갈리폴리에 상륙하여 다르다넬스 해협의 교두보를 형성하고 주도권을 잡게 됨으로써 유럽연합군에 결정적인 승기를 마련하게 된다.

호주와 뉴질랜드는 이 역사적 사실에 대해 국민적 자부심을 가지고 지금까지 기념하고 있다는 것이다. 주지하는 바와 같이 이날은 호주의 전 국민적 축제일로 기념하고 즐기는 자부심을 발로하는 날이다. 그러니까 4월 25일은 앤잭군이 행동한 날이다.

그래서 우리도 우리 군이 월남에서 행동한 날, 즉 그 땅에 발을 디딘 날이 중요하다는 것이다.

◆서울 수복기념일: 1950년 9월 28일＝서울시청 청사 옥상에 태극기를 꽂은 날.

◆세계 제2차 대전 때 베를린 최후의 날: 1945년 4월 25일＝베를린 시가에 최초로 입성한 소련군 쥬코프 부대가 제국의회 건물 옥상 러시아 깃발을 꽂은 날로 본다.

◆6.25 때 평북 초산의 압록강 변 둑에 태극기를 꽂은 날: 그 때 통일이 이루어졌다면 이날은 역사적인 기념일로 인식되었을 것이다. 군대와 깃발은 이렇게 중요한 관계가 있다.

2013. 8. 18.

한국은 월남전으로 얼마나 벌었을까?
─ 국군의 월남참전은 한국의 역사를 바꾸는 계기가 됐다

= 사이밍턴 청문록 일부 중 주요대목 발췌 =

1970년 2월 24일부터 3일간에 걸쳐 "美國會上院외교위원회"에서 월남전 참가국에 대한 미국의 지원 및 수당지급에 관한 청문회를 가진 바 있었는데, 마지막으로 열린 한국에 관한 청문회에서는 한반도의 군사정세와 쌍방의 병력비교 등 주요 관심사에 관한 진지한 보고와 질문이 전개되었다.

사이밍턴이 보고한 발언 중에서: "74억5천9백만 달러가 대한군원 및 경원으로 제공한 총액이다."

이 말을 들은 모 의원은 "한국이라는 구멍에 그렇게 엄청난 돈을 퍼부었다"고 비아냥거렸다. 이에 대해 당시 주한 미국대사였던 브라운은 진지한 어투로 말했다.

브라운: "그동안 있었던 일은 ▲완전히 황폐되고 피난민으로 가득차고 토지, 가옥, 학교가 파괴되고, ▲외화를 벌어들일 힘이라고는 아무 것도 없고, ▲연료도 없고, ▲생계를 유지할 현실적 방법이란 아무것도 없던 나라가(미국의 원조에 힘입어) 이제

● 자신의 힘으로 외화를 벌어들이기 시작하고
● 금년 이후부터는 무상 경제 원조를 필요로 하지 않으며
● 수출을 증대시키고 있고
● 아시아 문제에 책임 있게 참여하며
● 세계에서 가장 빠르다고는 할 수 없다손 쳐도 적어도 세계에서 가장 빠른 성장률을 가진 나라 중의 하나로 변모했다는 사실이다"라고 갈파했다.

끝으로 폴 브라이트 의원은 의미심장한 어조로 부연했다.

◆ 이것이 바로 우리의 원조결과로 일어난 일이다.

미국은 결코 월남전에 관련하여 미국민의 혈세를 사용함에 있어서 한국에 대한 지원 부분은 이와 같이 세계평화 및 한국의 빈곤 극복에 결정적인 기여를 했다는 의미를 간접적으로 표현했다.

※이 청문회에서 논의된 사항은 1969년까지의 투입된 금액을 가지고 얘기한 것으로 이후로도 1973년 3월 23일까지 한국군이 월남에 주둔한 기간을 생각해 볼 때 한국이 월남으로부터 얻은 이익과 그리고 미국으로부터 지원받은 각종 혜택을 통산한다면 우리 한국(한국군)이 월남전으로부터 벌어 들인 금액은 〈75억 달러＋1970년~73년까지 얻은 원조액〉이라는 실로 막대한 액수라고 보아야 할 것이다.

우리 속담에 '빈 집에 소 들어간다' 는 말이 있는데 월남전으로 인해 벌어들인 달러가, 그로 인해 부자가 된 한국의 경우가 바로 이 모습이었던 것이다.

🌸 전투수당에 대하여

"베트남전은 대한민국 전시 해당 안 된다???" 말이 안 되는 궤변이다!

전투수당은 시효(時效) 없는 파월가족의 절대권리!! 백대(百代)까지 상속되는 재산권이다!!

〈아래 신문명조 활자의 글은 한 신문의 기사이다.〉

1965년 10월 9일 대한민국 해병대 청룡부대는 베트남 동남부 판랑 해변에 상륙했다. 첫 번째 전투병 파병이었다. 이후 베트남에는 맹호, 백마 전투부대와 비둘기, 백구, 은나, 십자성 등 건설 병참 지원부대가 참전하여 1973년 완전 철수 시까지 32만여 명이 파병됐다. 그중 5,099명이 전사했고 1만 1,232명이 부상을 당했다. 장병들이 참전 대가로 받은 것은 한 병사 당 월 40~50달러 안팎의 해외근무수당이 전부였다. 미군의 20% 수준이었다. 그 돈의 80% 이상은 국내로 송금됐다.

법원, 국가 상대 청구소송 기각 재판부 "당시 파병은 군사 원조"

김우일(72) 씨 등 베트남전 참전용사 30명은 2012년 2월 국가를 상대로 "당시 주지 않은 전투근무수당을 달라"는 소송을 냈다. 그러면서 "해외근무수당이 미군에 비해 턱없이 적었으니 미지급분도 달라"고 함께 청구했다. 이들이 전투근무수당 청구의 근거로 삼은 건 당시 군인보수법 제17조였다. 이 법엔 "전시·사변 등 국가비상사태 때 전투에 종사하는 자에게 전투근무수당을 지급한다"고 돼 있다

원고들은 "대한민국을 위해 전투에 참가했다면 '전투에 종사하는 자'에

해당한다"고 주장했지만, 정부 측은 "베트남전쟁은 대한민국의 전시 또는 국가비상사태에 해당하지 않는다"고 맞섰다. 법원은 정부의 손을 들어줬다. 서울행정법원 행정7부(부장 조한창)는 원고들의 청구를 기각했다고 25일 밝혔다. 재판부는 " '전시' 란 대한민국의 전시만을 의미한다"며 '대한민국이 주체가 되는 전쟁' 또는 '대한민국의 국익을 위한 전쟁' 으로 〈파월참전자들의 행위에 대하여〉 확대 해석할 근거가 없다"고 판단했다. 이어 재판부는 "베트남전 파병은 군사 원조"라며 "이 전쟁으로 대한민국이 전시에 준하는 국가비상사태에 이르렀다고 볼 수도 없다"고 덧붙였다. 전투근무수당 지급청구권 자체를 부정한 것이다.

재판부의 이런 해석은 광범위한 대한민국 젊은이들의 국가에 대한 충성과 헌신 희생을 너무도 근시안적으로 과소평가해 버린 것이라 할 수 있다.

해외근무수당 미지급분에 대한 청구권도 부인됐다. 재판부는 "군인의 보수는 소속 국가의 경제력에 따라 차이가 날 수밖에 없다"며 "다른 나라 군인에 비해 적은 보수를 받았다고 그 차액을 청구할 권리가 인정되지 않는다"고 판단했다. 재판부는 "청구권이 인정되더라도 권리 발생 시점부터 5년이 지나 소멸시효가 완성됐다"고 덧붙였다. "2005년 8월 브라운 각서 등 베트남전 관련 외교문서가 공개된 이후에야 권리의 존재를 알게 됐고 이후 정부가 문제 해결을 약속해 소송이 늦어졌다"는 김 씨 등의 주장을 배척했다. 소송을 대리한 법무법인 다온의 이면재 변호사는 "법원이 지나치게 청구권의 근거를 좁게 해석했다"며 "국익을 위해 목숨을 걸었던 군인들에 대한 보상 필요성이 외면돼 안타깝다"고 말했다. 현재 국회에는 월남전 참전군인들에게 전투근무수당에 준하는 보상을 해 주는 내용의 특별 법안이 계류 중이다.

임장혁 기자 · 변호사(im.janghyuk@joongang.co.kr)

■ 문제 내용

1. 2012년 2월 국가상대 전투근무수당을 달라는 소송(근거 군인보수법

제 17조) 군인사법 내용은? 전시 사변 등 국가비상사태 시 전투에 종사하는 자에게 전투 근무수당을 지급한다.

2. 정부 측은 베트남 전쟁은 대한민국의 전시 또는 국가 비상사태에 해당하지 않는다고 주장한다. 이것은 법제처의 유권해석이라고 하는데 논리에 어긋나는 아전인수격의 해석이다.

〈만약에 정부가 32만 파월용사들(사망자 가족 포함)에게 미지급한 전투수당을 일시불로 지급한다면 약 1조5천억 원에 해당하는 금액으로 계산되는데 그 돈이 아까워서인가?〉

3. 재판부는 "전시(戰時)란 대한민국의 전시만을 의미한다"며 "대한민국이 주체가 되는 전쟁 또는 대한민국의 국익을 위한 전쟁으로 확대 해석할 근거가 없다"고 판단하였다 〈이는 법의 재량권보다는 정부의 편을 드는 것이 자신에게 유리하니까라는 생각이 드는 것이다〉.

4. 재판부는 "베트남 파병은 군사원조라며 전시에 준하는 국가 비상시태에 이르렀다고 볼 수도 없다"고 덧붙였다. 즉 전투근무수당 지급청구권 자체를 부정 〈법관도 인간이니까 한 인간으로서 내심으로는 양심이 찔렸을 것이다〉.

*주관법원: 서울 행정법원 행정 7부 조한창 부장

*소송대리인 법무법인 다온의 이면재 변호사

*이 문제에 대하여 국회도 지대한 관심을 가지고 해결하려는 노력을 했는데 그 중에도 이언주 의원의 질의가 사안의 핵심을 찌르고 있음을 본다.

황교안 총리를 상대로 질의와 답변, 그리고 지금까지 일부 전우들끼리의 공청회에서 논의된 논설까지 소개한 후 필자의 견해를 쓰고자 한다.

대정부 질의

☞질의: 이언주 국회의원   ☞답변: 황교안 국무총리

제337회 국회(정기회) 국회본회의 회의록(임시회의록) 제8호 국회사무처

2015년 10월 15일(목) 오전 10시 의사일정

이언주 의원: "또 국방부에서는 '해외파견 수당에 다 포함이 되어 있다' 라
고 주장을 하는데요, 해외파견 수당은 아시다시피 전투 수당과는 그
성격이 다릅니다.
또 봉급하고도 다르고요. 그래서 그렇게 주장하는 것은 정말 기본을
잘 모르고 하시는 얘기인 것 같고요. 어떻든 1969년 4월 28일 합참으로
보낸 국방부 내부 공문을 보면요, 여기에 '현재 파월장병에게 지급되
고 있는 해외파견근무수당에 부과하여 전투근무위험수당을 지급해야
할 것' 으로 되어 있는 것을 볼 수 있어요."

국무총리 황교안: "이 법에 대해서는 아마 군인보수법의 적용이 가능한
것이냐 아니냐 이것을 아마 쟁점으로 말씀을 하시는 모양인데 지금까
지의 해석으로서는 지금 이분들은 베트남에, 월남에 파견됐던 분 아닙
니까? 그래서 베트남 파견 당시에 대한민국은… 베트남은 전시였지만
우리나라 자체는 전시나 사변 등의 국가비상사태에 있지 않았기 때문
에 전투근무수당에 해당하지 않는다, 그러므로 이를 적용될 수 없다,
라고 하는 법제처의 법령 해석이 있었습니다. 이것을 근거로 해서 국
방부에서는 별도로 월남전 참전 군인들에 대해서는 별도의 지원 법안
을 만들어서 지원을 하고 있는 것으로 알고 있습니다."

《황 총리는 교묘한 화법으로 이언주 의원 질문의 화살을 비켜 나간다.》
이언주 의원: "국가비상사태에는 국외는 해당이 안 된다, 이런 해석인데
요. 그게 군인보수법 제17조 해석을 그렇게 하고 있는 것 같습니다. 그
런데 제가 볼 때는 이게 완전히 귀신 씨나락 까먹는 소리예요. 제가 심
하게 말씀을 드렸지만 이게 말이 됩니까? 어떻게 생각하십니까?"

국무총리 황교안: "아마 법제처에서 그런 법령해석을 한 것을 토대로 해서 국방부가 다른 별도의 법까지 만들어서 진행을 하고 있는데 그 법을 어떻게 해석하는가에 관해서 좀 견해가 다를 수가 있겠지요.

1965년 2월 1일 당시 이효상 국회의장이 '파월장병에 대한 전시복무 적용에 관한 건의'라는 제목의 공문을 보낸 적이 있습니다.

1965년 1월 30일 국회 11차 본회의에서 '월남공화국 지원 파견 전 장병에 대한 전시복무 적용에 관해 의결했다. 그 복무기간 동안 전시복무규정을 적용하여 특혜를 줄 것을 국방 당국에 건의한다'라는 내용을 그 당시 대통령께 보낸 바가 있고요. 40일 뒤인 3월 11일 박정희 대통령께서 역시 공문을 통해서 '파견기간 동안 군인임금법—군인보수법을 지칭한 것 같습니다—군인임금법상 전투기간에 관한 특별규정을 적용한다'라고 회신한 바가 있습니다. 그런데 이것을 시행하는 시행령이 없어서인지 아니면 입법이 부족해서인지 시행이 안 됐어요. 어떻게 생각하십니까?

《황교안 총리는 법제처의 유권해석이라는 것만을 금과옥조로 붙들고 이언주 의원의 질문공세를 피하려고 하였지만 이효상 국회의장의 정부에 대한 공문과 박정희 당시 대통령의 '파견기간 동안의 군인임금법은 전투기간에 관한 특별규정을 적용한다'라는 회신을 국회에 보낸 사실로써 전장(戰場)에 가 있는 파월용사들에게 전투수당은 지급해야 함은 정당하다는 정답이 나온 것이다. 이후 그러한 재판이 다시 전개되는 경우 원고는 이렇게 명명백백한 근거를 제시함으로써 판사의 그릇된 판결을 원천적으로 차단하고 정당한 판결을 얻어내야 할 것이다.》

2015년 서울고법 판결 누66549: =요지=
판단: 전투근무수당 청구권은 인정되지 않는다고 봄이 상당하다.
전사: 전투근무수당 청구권은 인정함이 가하다.

①항 대한민국이 주체가 되는 전쟁 또는 대한민국의 국익을 위한 전쟁이 포함되는 것으로 확장 해석할 아무런 근거가 없다.

전사: 대한민국이 주체가 되는 전쟁 또는 대한민국의 국익을 위한 전쟁으로 본다.

②항 '전시·사변 또는 국가비상사태'의 의미, 확장해석은 국민의 기본권에 대한 중대한 침해를 가져올 수 있다.

전사: '전시·사변 또는 국가비상사태'의 의미는 월남전의 특수성과 한국의 국가비상사태선언(비상계엄령)을 인정한다.

③항 베트남 전쟁은 대한민국의 전시·사변 등 국가비상사태에 포함된다고 할 수 없다.

전사: 군인보수법 제17조는 위헌 법률로 본다.

④항: 각령은 전시관계법령인 전시공무원의 인사 및 연금에 관한 임시조치령을 의미하고 위 령 제40조는 군인에 대한 전투근무수당의 액수 등에 대하여 예정하고 있다.

전사: 국가재건비상조치법 제23조 제2항은 헌법의 국무원령은 각령으로 한다에 따라 법문의 표현이 변경

⑤항: 월남전쟁으로 인하여 대한민국이 국가비상사태에 이르렀다고 볼 수 없다.

전사: 아시아대륙의 실력자로 군림한 중공세력 팽창을 한국 정부가 과소평가하고 있어 유감을 표한다.

⑥항: 해외파견군인의 특수근무수당 지급규정(대통령령 제1895호)에 의거 원고들에게 특수근무수당이 지급되었다.

전사: 국방부 군인근 146-1057(1967.3.30.)

수신: 전매청장 제목 주월한국군 PX연초공급에 따르는 협조 1. 당부에서는 주월한국군 장병의 국산품 애용과 정부수출 진흥방침에 의거 주월장병이 필요로 하는 연초를 전량 국산 연초로 공급코자 계획을 수립하고

주월군 PX 물품 공급 당부 지정업자인 삼창산업진흥주식회사로 하여금 매월 약 5만 달러 상당의 연초를 공급토록 지시한 바 있습니다.

⑦항: 당시 국내의 전시 사변 또는 이에 준하는 비상사태가 있었다고 판단하였기 때문은 아니다.

전사: 국가비상사태 선언(비상계엄령)으로 인정된다.

⑧항: 당시 국내의 전시 사변 또는 이에 준하는 비상사태가 있었다고 판단하였기 때문은 아니다.

⑨항: 전시공무원 인사 및 연금에 관한 임시조치령 인정

전사: 전시공무원 인사 및 연금에 관한 임시조치법 미인정(미래법 비밀 3급)

⑩항: 원고들의 이 사건 청구는 이유 없으므로 각 기각할 제1심 판결은 이와 결론을 같이하여 정당하므로 원고들의 항소는 이유 없어 각 기각하기로 하여 주문과 같이 판결한다.

전시: 파월 장병들의 희생과 공헌은 헌법으로 지울 수 없다.

보고서(1971. 8. 20.) 제목 군인연금기금 증식을 위한 토지매입보고서(국방부): 국방부에서는 군인연금기금 증식을 위하여 여의도 대지 9,310평을 1971년 8월 중에 서울특별시로부터 매입할 예정입니다. 서울 고법 판결이 확정(대법원 상고 취하 2016. 8. 2)된 것을 터 잡는 국회, 법적 근거나 이유 없이 반대하는 국민들, 파월장병들의 아픈 상처를 더 이상 건드리지 말기를 바랍니다.

발표자는 이 장군이 "정부는 미군으로부터 수령한 전투수당 $500 100%에서 병장에게 $50 10% 지급하고 나머지 90% $450는 국고 귀속하여 고속도로, 새마을사업, 기타 기간산업에 전용하여 현재 세계경제 10위 선상의 자립경제국가의 토대를 이룬 장병들에게 이제는 돌려주라"고 "정부에 항명을 하였습니다"라고 했다. 〈위 세미나 자료 중 1부는 파월전사연구소의 협조를 받은 것임〉

지금까지 여러 차례 일부 전우들끼리의 공청회 형식으로 논의된 설왕설래의 논설을 살펴보았는 바 필자는 채명신 장군이 전우회 회장으로 재임시부터 전우들 간에 오고가는 이 문제에 대해 관심을 가지고 회장에게 진언한 바 있고 채명신 회장의 지시로 월남전 당시 이 문제에 직접 관여했던 김성은 전 국방장관이나 이동원 외무부장관과의 면접 또는 전화통화를 통해 질의했던 바 사안에 대하여 그 분들로부터는 긍정도 부정도 아닌 어정쩡한 답변만을 듣고 나름대로의 생각은 '사안에 대하여 불투명하게 소극적으로 처리한 과오가 있었구나!' 하는 낌새를 느낄 뿐이었다.

　그런 말이 나올 때마다 채명신 사령관님께서도 본 사안에 대하여는 잘 모르고 계셨기에 그랬을 것인데 "미스터 배(裵)가 잘 좀 알아봐, 김성은 장관에게도 물어보고…"라고 말씀하시곤 하였다. 전우들은 '사령관이라면 모든 내용을 다 알고 있겠지!' 라고 생각하는 듯 여기지만 사실은 전쟁터에 나가있는 현지 지휘관은 '한미 관계가 얽혀 있는 정치외교적인 미묘한 문제에까지는 잘 모르는 것' 이 당연한 일이다. 그리하여 전우들이 간혹 사령관님을 만나서 전투수당문제를 질문하면서 시원한 답변이 안 나오면 뒤돌아서서 '사령관이 되어가지고 그런 것도 모른담, 알면서도 얼버무린다' 고 핀잔하기 일쑤인데 한때나마 그분들을 모신 바 있는 사람으로서 잘못 모신 회한과 함께 그분들을 욕되지 않게 하려는 마음에서 '그런 추측은 지나친 생각이라는' 것을 피력해 두고 싶다.

　이제 와서 생각인데 필자가 사령관님을 모시고 있을 당시만 해도 그 사안에 대한 지식이 부족하였고 이 문제에 깊이 관심을 쏟고 있던 파월전사연구소 김연수 소장과의 심도 있는 대화가 있었다면 무수히 질문해 오는 전우들에게 좀 더 자세한 답변도 하고 좋았을 것이라는 생각으로 아쉬움을 느끼고 있다.

　또 전우들이 모이는 자리에서 종종 듣기로 제2대 주월군 사령관을 역임하신 이세호 장군이 2012년 4월 18일 용산전자상가에서 있었던 안보강연

장에서 전투수당에 대하여 말씀하셨다는 논지는 아무리 생각해도 믿기 어렵다.

필자는 현역 때 이세호 장군의 공보관을 하면서 직접 모신 바 있고 예편 후에도 작고하시기 얼마 전까지 자주 만났던 터였는데 그 분의 자서전이나 평소의 말씨를 보아도 그런 표현은 절대로 안 하시는 분이었다. 특히나 박정희 대통령에게 누가 될 수도 있는 그런 발언을 한다는 것은 천부당한 얘기이기 때문이다. 특히 박정희 대통령과는 동기생이면서도 깍듯이 대하는 모습이 놀라울 정도였다. 한 번은 박 대통령이 6군단을 방문했는데 군단장실에 들어와서 대통령 앞에 앉은 그 모습이 얼마나 황송해 하는지 민망할 정도였다. 그리고 자서전 부록으로 엮은 서한문집에 있는 박대통령과 주고받은 서신들을 보면 그 분에 대한 존경심이 얼마나 지극한지를 짐작하고도 남을 만하다. 또 이 장군은 말을 조심하는 분으로 필자에게 이런 말도 하신 적이 있다. "월남에 있을 때는 자주 미군들과 만나게 되었는데 그 사람들은 내가 영어를 숫제 모르는 줄로 알고 있었기에 나는 그걸 역으로 이용했지, 나는 말(영어)로 안할 뿐 듣기는 다 하거든~ 그이들이 통역한테 말할 때 듣고 있으면서 내가 할 말을 생각하는 거야, 이러면 아무래도 유리하게 대화를 할 수 있거든! 허허." 이렇게 신중한 분이다. 하물며 많은 전우들이 모인 장소에서 지극히 민감한 문제에 대하여 그토록 과감한 발언을 하셨다는 말을 필자로서는 액면 그대로 믿을 수 없는 것이다. 원로회의 석상에서도 매우 친근한 전우들의 입에서 그런 말이 나오기에 정색하고 반박하면서 '다시는 그런 식으로 말하지 안 했으면 좋겠다'고 당부한 적이 있다.

*문제 내용의 의견
■ 60년대 한반도의 안보정세와 연관하여 고찰할 때

1965년 파월 당시 한국의 현상은 1950년 북한군의 불법남침으로 인하여, 남과 북이 휴전선의 철책으로 막혀 있는 분단국이었으며, 월남파병기간 중인 1968년 1월 21일 북한 124군 특공부대의 청와대 습격시도를 위시해 울진, 삼척에 해안선을 이용한 특수군 침투 등 북한군의 도발이 계속되고 있는 상황이었음.

(1) 당시 북한의 경제력이나 군사력은 한국보다 2/3로 우세했고

(2) 한국의 국방은 미국 및 유엔군에 전적으로 의지해 유지되었던 상황

(3) 미군의 한반도 주둔은 국가안보에 절대적 필수요건이었음

(4) 당시 미국은 동남아시아 평화를 공산화 도미노 방지를 위하여 월남전을 지원하였던 바, 월남전쟁이 점차 불리하게 전개됨으로 한국에 주둔하고 있는 미군을 철수하여 월남전선에 투입하려는 의도를 보이자.

(5) 한국 정부는 어쩔 수 없는 현실에 직면 우리가 월남전을 일부 지원하고 미군이 주둔하여 대한민국의 국방을 지켜야 한다는 고육지책으로 미국에 대해 '한국군이 파월하여 월남전을 돕겠다'는 의사를 표명하여(피지원국 국가원수의 파병요청에 의한 절차를 거쳐) 결국 파월이 결정되었고, 미군이 한반도 철수 보류로 인하여 대한민국의 안보를 보장받았다.

■ 법원의 판결은 한 마디로 잘못된 판결(判決)이다.

한국군의 파월은 〈우리의 안보를 위한 행위〉이며 파월장병들의 행위는 월남(남부베트남)에서 수행한 국가의 명에 의한, 국가를 위한 전투였던 것이다. 戰時란 일정한 지역에서 나를 죽이려는 적과 총포로 서로 싸우는 상황의 때(期間)를 의미한다. 파월장병들은 국가가 지정한 장소인 월남에서 8년 6개월 동안 전시(戰時)상태에서 존재하였다. 파월장병은 각자 거기 있는 동안 군인으로서 배타적 치외법권(治外法權)의 대한민국 군영(軍營)에 거(居)한 상태는 분명히 전시(戰時)하에 존재했다는 논리가 성립하므로

전시하의 군인보수법의 적용대상이 되는 것이다.

그러므로 재판부가 "전시"란 "대한민국의 전시만을 의미한다"라며 "대한민국이 주체가 되는 전쟁 또는 대한민국의 안위(安危)를 위한 전쟁으로 확대해석할 근거가 없다"고 판단한 것은 오류이다. 잘못된 판결이라는 말이다.

이와 같이 지극히 근시안적이고 불합리한 판결에 대하여 단지 '약자의 恨'으로 치부하고 좌절하기에는 너무나 억울한 것이다.

여기서 '대한민국의 전시만을 의미한다' 라는 판시가 잘못되었다는 것인데 여기서 대한민국이란 '대한민국의 국토에 한정했다' 는 오류를 지적하고자 한다. 대한민국의 국적을 가지고 있는 선박은 세계 어느 해역에 있던지 그 선박 내의 모든 권한은 대한민국에 있고 거기서 일어나는 사항은 대한민국의 사건에 속하는 것이다. 이와 같이 대한민국의 국군이 주둔하는 해외 어느 곳의 병영이라도 군율에 의해 지배되는 그 울타리 내 또는 그 군(軍) 집단이 이동하는 곳까지 대한민국임을 재판관은 간과해 버렸다는 것이다. 따라서 월남에 파병된 모든 한국군 장병은 참전기간 전시 상황에 있었다는 것이다.

상기 대정부질의에서 보인 이언주 의원의 예리한 지적은 전체 파월가족의 아픈 곳을 어루만져주는 신의 손과 같은 것이었으며 많은 다른 의원들도 공감하리라고 생각한다. 지금도 많은 의원들이 각자 따로따로 참전자들을 위한 비슷한 안건을 제안하고 있는데 부디(공법단체) 월남전참전자회와 협의하여 그중에 가장 전우들의 소망에 근접하는 안건을 선정하여 통일된 안으로 발의하여 통과시켜 주었으면 하는 바람이다.

■ 향후 우리의 나갈 방향

약자가 힘을 내서 목적을 달성하기 위해서는 뭉쳐서 투쟁하는 수밖에 없을 것이다. ─세월호 유족기타 정부의 잘못으로 피해를 입고도 억울함이 남아있는 가족들처럼…

월남전참전자들의 공로를 확실히 부각해야 한다. 이미 잘 알려진 사실이지만 반복하여 더욱 강조해야 한다. 월남전참전자들이 헌신하고 희생한 결과로 대한민국은 군사적인 측면에서 국방력을 현저히 강화했을 뿐만 아니라 경제, 문화적으로 우리나라의 역사를 바꾼 계기를 조성한 기수였음을 부각해야 한다.

월남파병의 경제적 성과에 대해 많은 연구자들이 해외근무수당의 본국 송금 등 10억불의 수익을 획득한 것으로 말하는데 이는 사실을 너무 축소한 것이다. 1969년 말 미국 의회의 사이밍턴청문회에서 발표된 것만 보더라도 "미국은 베트남전에 참전한 한국에 대하여 군사적 경제적 지원으로 약 70억 달러를 지출하였다"고 하였다. 그 후 한국군이 철수할 때까지 3년간 그 지원은 계속되었고 이를 추산할 때 한국군의 파월 이익은 100억 달러를 넘을 것이다.

참전자들의 피해를 낱낱이 들추어 부각시키고 이에 대한 확실한 국가적 보상이 반드시 있어야 한다는 국민적 공감대를 확산해야 한다.

현재 정부에서 추진 중인 국정교과서 제작하는 기회에 월남참전의 성과와 참전자들의 공로가 정확하게 기술되도록 노력함이 절실하다(이 문제는 정권의 교체로 물 건너갔다).

그러한 공로자들에 대하여 법리(法理)에 따라 전투수당(추산 금액: 1조 5천억)을 지급하는 것이 불가하다는 판단을 했다면 정부의 예산이 소요되지 않는 다른 방법으로라도 보상을 해야 할 것이다.

즉 파월 예비역 용사가족(직계 존비속 1세대까지)에게 면세 매점을 이용할 수 있도록 〈참전용사특별면세점─6.25참전자 포함〉을 개설해 줄 것을 요구하자. 이런 방법은 정부의 부담도 적고 시행하는데 특별한 문제가 없다. 다만 참전노병들이 양보하면 가능하다. 대신 수혜기간을 늘려 2~3

대까지의 유가족들이 연이어 혜택을 받을 수 있도록 하면 양보도 쉬워질 것이다(2015. 10. 26 抄).

🌷 전우들의 문학활동

　월남참전전우들의 문학활동은 각 부대별로 발행하는 진중신문에 기고하는 전진(戰陣) 속에서 느끼는 수상(隨想)을 시나 산문 형식으로 써서 기고한 것을 편집하여 발행함으로써 향수를 달래는 경우로부터 시작되었다고 볼 수 있다. 주월한국군사령부에서는 이러한 작품들을 모아 반공교육문화사(대표 金哲)에 송고하였고 대한생명의 최성모 대표가 출판비를 협찬하여 진중시집 '派越勇士 百人詩選'으로 《나의 생애 이 포복을》(1971년 12월) 발간한 것이 최초의 파월전우들의 작품집이라 할 수 있다. 주월한국군 이세호 사령관은 '이 시집의 발간에 붙여'에서 "우리 주월군이 월남전에 참전하여 어느덧 6년이 지났습니다. 그동안 주월군은 월남공화국의 자유와 평화를 수호하는 데 크게 이바지하여 왔으며…(중략)… 주월군은 머지않아 명예로운 개선을 앞두고 유종의 미를 거두기 위하여 총력을 경주하고 있는 가운데 장병들의 손으로 엮어진 문학작품집이 발간되어 나오는 것을 매우 기쁘게 생각하는 바 이 진중시집(陣中詩集)은 그동안 30만의 장병들이 월남전선을 누비면서 수많은 전투와 대민활동을 통하여 몸소 체험한 피땀으로 이루어진 전장의 기록인 것"이라고 쓰고 있다. 필자는 누렇게 빛바랜 《나의 생애 이 포복을》 다시 펼쳐들고 반세기 전의 아련한 추억에 잠기는 것이다.

　파월용사로서 월남전을 소재로 시를 써 시집을 낸 시인은 아마도 한국

문인협회 이사장을 지낸 신세훈 시인이 최초일 것으로 알며 그에게서 사사한 임동후 시인(문협 청소년문학분과 회장 역임, 한국전쟁문학회 부회장)이 있고 필자와 월남에서 함께 근무하다가 현지취업 후 호주로 이민을 간 南空(본명 남정률) 시인이 있는데 그는 시집《奥地*에 뜨는 달》을 냈다. 또 본국에서 본인과 같이 근무하다가 전역 후 미국으로 이민해 휴스턴에 살고 있는 배정웅 시인(전우문학 美 서부회원)이 있다. 전우문인으로서 유명한 소설가로는《하얀 전쟁》을 써서 전우들로부터 욕을 먹은 안정효 작가, 월남전을 테마로 한《무기의 그늘》을 써서 주목을 받은 바 있는 황석영 작가는 일후에 광주 5.18사태를 테마로 한 극본《임을 위한 교향시》를 썼는데 이것이 북한에서 영화화됨으로써 보수층의 많은 지탄의 대상이 되기도 했다. 그리고 장편소설《엽흔(葉痕)》과《모시등불》을 낸 김현진 작가가 있는데 그는 시인으로도 좋은 작품을 많이 쓰고 있다.

*오지(奥地): 호주를 일컬음

특별히 소개하고 싶은 문인으로 김광휘 방송작가가 있는데 그는 장세동 전 안기부장이 맹호 3중대장으로 있을 때의 중대원이었다. 그는 밖으로는 잘 알려지지 않았으나 라디오 방송에《격동 50년》이라는 매일 프로그램을 쓰는 방송작가로 인기를 끌었으며《제4공화국》을 쓰기도 했다.

그리고 해병 하사로 월남전에 참전하여 혁혁한 공훈을 세워 인헌무공훈장과 미 은성무공훈장을 받은 바 있는 권동일이『스콜』이라는 제호로 전투수기를 냈다. 또 해병 대령으로 예편하여 군사평론가로 활약하면서 지금도 전우언론에 예리한 논지의 칼럼을 써서 많은 전우독자들의 공감을 얻고 있는 칼럼니스트인 이선호(행정학 박사) 시사문제연구소장이 있는데 그는 문인은 아니고 안보연구가로서 무수한 논설책자를 출간했다.

수필분야에서는 주월사 공보관으로 파월되었던 김병권 수필가는 수필문학의 굴지의 대가로 예비역 문인들의 대부라 할 만하다.

그리고 현재도 필자와 같이 전쟁문학회 활동을 하고 있는 현금남(맹호부대 태권도) 시인, 최학(주월사 태권도) 시인, 박영택(백마－국제문예) 시인, 홍중기(주월사 나트랑방송국) 시인, 황재영(백마) 수필가 등이 있다. 여정건(주월사 정보대) 작가는 《달셋방》이라는 이 시대의 어려운 이웃들의 삶을 테마로 한 단편소설 모음집을 냈다.

필자가 참여하고 있는 삼강시인회(三江詩人會－회장 백남렬)가 있는데 여기에서 해병청룡부대로 참전하였다가 대령으로 예편한 김현덕 시인은 《아차산 까치집에는 까치가 없다》라는 제호로 시문집(詩와 에세이)을 냈는데 그는 한 중견기업체의 임원으로 지금도 사업상 베트남을 왕래하며 한월친선에도 기여하고 있는 것으로 알고 있다.

그리고 육군3사관학교 출신인 이길수 전우는 특전부대 요원으로 백마부대 정찰대 소대장 임무를 띠고 파월되었는데 귀국 후 전후방 주요부대의 지휘관과 참모를 두루 거쳤으며 예편 후에는 헌법재판소 비상기획관을 역임하였고 시인으로 등단하여 필자와 같이 삼강시인회에서 회원으로 있어 매월 한 차례씩 신작시(新作詩) 낭송 발표회에서 만난다. 이길수 전우는 시집으로 《자작나무 큰 나무》를 펴냈다.

한때 전우문학을 함께했던 김풍(백마) 번역문학가(飜譯文學家－영문)는 《평화의 십자군》이라는 참전수기를 한글 및 영문판으로 냈다.

또 특별한 경우로, 고보이 평원 전투에서 심한 부상(2도 화상)을 입은 고상현 전우는 코와 귀 등 돌출부위는 모두 타버려 형상을 알 수 없게 되었는데 필리핀의 클라크 미공군병원으로 긴급 후송되어 1년 넘게 응급치료를 받아 목숨을 구했다. 그 후 대구육군병원으로 이송되어 또 1년 남짓 입원해 있다가 퇴원하여 상이용사로서 박정희 대통령을 면담하게 되었고 이 때 대통령 부부의 특별한 위로를 받은 바 있는데(대통령의 배려로 안면시술을 받음) 후에 시인으로 등단하여 필자와 함께 『전우문학』誌를 발간한 바 있다.

또 《월남전쟁》이라는 수기를 쓴 김선기(맹호부대) 전우가 있고 잊을 수 없는 문인 전우 중에 최건차(崔建次―아호, 순담) 수필가가 있는데 그는 필자가 신문을 할 때 단골 기고가로 좋은 글을 많이 보내왔으며 근자에 《산을 품다》라는 수필집을 냈다며 집으로 우송해 왔다. 주옥 같은 명문의 보고(寶庫)라 여겨졌다.

뒤늦게 생각난 것인데 박세직 88서울올림픽조직위원장의 《하늘과 땅, 동서가 하나로》와 《우리들의 옛 이야기》가 있는데 후자는 박세직 장군의 가족들이 박 장군과에 얽힌 사연들을 쓴 글들을 엮은 것인데 박세직 장군의 인간적인 면모를 여실히 느낄 수 있는 책이다. 위에 열거한 책들은 필자의 전우(戰友) 문우(文友) 지우(知友)들로부터 직접 받거나 우송해 온 것들로서 천권 정도의 장서 중의 중요한 일부로 필자는 종종 서가(書架)를 살피는 서가산책(書架散策)이랄까 그들과의 추억을 돌아보는 것으로 노래(老來)의 낙을 삼고 있는 것이다.

특히 허만선 전우는 소설가로 등단했는데 요즘은 칼럼을 많이 쓰고 있는 보석 같은 전우 문인이다.

〈전우들의 대표적인 문학단체〉
한국전쟁문학회

한국전쟁문학회는 30여 년의 전통을 이어오는 파월전우들이 주축이 된 문학단체이다. 그러나 그 뿌리는 6.25한국전쟁에 두고 있다.

6.25한국전쟁 때 춘원 이광수와 같이 납북되어 북으로 끌려가지 않은 대부분의 문인들은 종군문인단(從軍文人團)의 일원으로 전선을 따라 이동하면서 글을 썼고 현역군인이면서도 격전의 와중에서도 틈틈이 글을 쓴 사람이 꽤나 많았으니 그 대표적인 예로 이영신(대령)은 〈연희고지〉라는 시를 썼고, 문중섭(중령 연대장)은 〈저격능선〉이라는 전투실록을 썼다.

또 장호강 시인은 장군이면서 시를 썼고, 김종문 장군도 산문을 많이 쓴 분으로 유명하다.

생도1기생으로 입대하여 입교 2개월 만에 전쟁이 벌어지자 하사 계급장을 달고 전투에 투입되어 모진 고초를 다 겪으며 공산군과 싸운 박경석(후에 장군 진급)은 전투수기를 엮은 소설과 시들을 써냈는데 군인 출신 문인으로서는 가장 많은 소설과 시집을 펴낸 시인으로 유명하다.

한국전쟁문학회는 이러한 분들이 뜻을 모아 전쟁과 평화를 테마로 하는 글을 쓰는 문학회를 창립하여 초대 회장에 박경석 장군을 선임하였고, 후에 장호강, 문중섭, 최갑석 장군으로 이어가면서 예비역 문인은 물론, 뜻을 같이하는 가족이나 여류문인들까지 합류하여 백 명에 가까운 회원으로 문인들의 큰 집합체가 됨으로써 1987년 가을 계간 『전쟁문학』이라는 제호의 문학지를 첫 발간하게 되었다.

그런데 처음에는 상당기간 1년에 1회씩만 발간하다가 계간으로 발간을 시작하여 20여 년 가까이 결간 없이 발간해 왔는데 후에 박경석 장군은 전우신문(戰友新聞)의 회장직에 오르면서 신인 발굴을 위해 신춘문예를 모집하는 등용문을 열기도 했다.

무궁화사랑 시낭송회에 참석한 전쟁문학회원들과 무궁화사랑회 회원들

이후 박 장군은 군사평론가협회를 만들어 회장직을 맡으면서 군사평론가협회를 만들어 회장직을 맡으면서 전쟁문학회를 떠났고, 그 후임에 주월사 인사참모를 역임했던 최갑석 장군이 바통을 받아 10여 년간 회장을 역임하다가 얼마 전에 노환으로 작고하시고, 문학지 발행인(송병철 수필가)까지 급서하자 잡지 발간이 중단되고 동시에 단체는 침체기에 들어갔다.

　그리하여 과거의 추억을 잊지 못한 옛 회원 중에서 월남전참전자와 3사관학교 출신 문학인들이 주축이 되어 한국전쟁문학회의 재건에 나섰고 흩어진 회원들을 재규합하여 30여 명의 회원으로 확충하고 문학誌도 재발간하여 3회에 이를 만큼 어느 정도 기틀을 잡은 것이 오늘의 한국전쟁문학회이다.

　파월 전우문인들이 집단적인 조직으로 활동하는 곳은 한국전쟁문학회가 유일하며 현재 30여 명의 남녀 문인들이 참여하여 매분기 정기적으로 모임을 갖고 있는데 파월 가족은 물론 그 취지에 공감하는 문인이라면 누구든지 참여할 수 있도록 문호를 개방하고 있으며, 특히 우리와 뜻이 같은 3사관학교 출신들로 구성된 삼사문학회와 제휴하여 더욱 활발한 활동을

한석산전적지를 방문한 한국전쟁문학회원들

전적지순례차 타고 간 승합차

매봉 한석산전투기념비와 문중섭 장군

전개하고 있는 중이다.

　여기서 잠깐 첨언하자면 장호강 장군은 군인 시인으로 유명한 분이고, 문중섭 장군은 현역 때부터 문필가로 이름을 날려 6.25전쟁 중 연대장으로서《저격능선》을 진중에서 집필하여 발간하였고, 예편 후에는 자서전으로《救國의 목소리》를 출간하였다. 주월사 공보관을 역임한 김병권 문인은 수필가로 문명(文名)을 크게 날리며 전쟁문학회 고문과 숙명여대 교수로 활약했다.

　6.25 때 종군문인으로 또 정훈장교로 활약했던 선우휘 소설가는 강재구 소령을 모델로 한《저 하늘에도 별빛이》를 썼고, 백마부대에서 필자가 정훈대장으로 있을 때 작전부사단장을 역임하신 조주태 장군은《내가 달려온 80年》을 팔순 기념으로 출간하셨다. 그리고 최갑석 장군은《철모를 벗고 사는 세상》을 내셨다. 전우들의 작품집 말이 나온 김에 아주 특출한 분을 빼놓을 수 없는데 그는 초대 전쟁문학회 회장을 역임한 박경석 장군이다. 그는 시인이면서 소설가로 50여 권의 시집을 낸 기록을 세웠을 뿐 아니라 소설체(體) 실록인 총 10권짜리《따이한》이라는 '파월한국군전사'

를 집필하였고 소설《육군종합학교》를 내기도 하였다.

또 특별한 전우 작가로는 국방부 소속의 전우신문에 10년 이상《북한 7천300일》을 연재하여《김삿갓 북한방랑기》와 함께 매일 정오가 되면 KBS 라디오 방송으로 나오기도 하였으며, 5권짜리 전집으로《實錄韓國戰爭》이라는 대작을 출간했다.

그리고 주월한국군 초대 사령관 채명신 장군은 해방 후 국방경비대 시절의 혼란기와 6.25한국전쟁을 테마로 한《死線을 넘어서》와 월남전을 소재로 한《베트남 전쟁과 나》를, 2대 사령관을 역임하신 이세호 장군은 자서전으로《한 길로 섬겨온 내 조국》을 출간하였다. 비록 문인은 아니지만 불후의 전쟁문학서라 할 만한 전쟁회고록으로 임부택 장군의《낙동강에

한국전쟁문학회(韓國戰爭文學會) 회원

- 고문: 김태호(소설, 평론)
- 회장: 현금남(시)
- 부회장: 배정(시), 임동후(시), 조영갑(수필)
- 감사: 이혁희(수필)
- 주간: 김종화(수필, 평론, 시)
- 자문위원: 김현덕(시, 에세이), 전경애(소설), 김호진(시)
      이원우(소설), 이정임(시), 최학(시), 하정열(시)
      황재영(수필), 홍중기(시)
- 이사: 강희순(수필), 곽종철(시), 김광봉(시), 김영란(수필)
      김임선(수필), 류충복(수필), 박시형(시), 박영택(시)
      박종인, 송봉현(시), 여정건(소설), 임호철(수필), 정병경(수필)
      주원섭(수필), 최돈애(시), 최상화(시), 최윤희(시)
      (김병권(수필), 정재섭(시) 前 顧問은 연로하여 은퇴)

서 초산까지》와 임 장군의 휘하에서 중대장으로 맨 처음 압록강까지 진군했던 이대용 장군의《국경선의 밤》같은 저서는 불후의 명저로 전쟁문학의 금자탑이라 할 것이다.

월남참전전우들의 문학활동을 계속하여 살펴보면 청룡부대 7중대 요원으로 1971년 4월 북부월남 '퀴논' 지역에서 매복작전(埋伏作戰)에 참가했던 이일영(一兵) 전우가 전투수기(戰鬪手記)를 써서 책으로 발간한 것을 필자에게 보내왔었다.

그리고 1972년 안케패스전투에 참전하였던 김영두 전우(서남대학교 겸임교수 역임)가《안케패스 大血戰》을 펴냈다. 이로 인해 안케전투에 참가했던 전우들이 매년 4월 24일 638고지 승전일(勝戰日)을 기하여 동작동 현충원에 모이며 전우회 임원들은 매분기 첫 달 22일에 현충원 만남의 집에서 회동한다.

또 십자성부대 요원으로 참전했다가 소방간부가 된 이영주 진우는 종로소방서에 근무하던 중 1974년 11월 3일 88명이 사망하고 35명이 부상을 입는 등 큰 피해를 낳은 대왕코너 화재 진화작업에 출동한 후 이를 소재로《서울 타워링》이라는 수기소설을 썼다.

그는 얼마 후 무궁화 두 개를 달더니 소방관을 그만두고 서울시립대학교 교수가 되어 소방방재학과를 맡아 소방간부의 양성에 진력한다고 했다. 그는 필자와 대담 중에 대왕코너에서 탈출하는 어느 소녀를 직접 몸으로 받아서 기적적으로 구출했는데, 그 소녀가 15년이 지나 결혼을 할 때 이영주 교수에게 주례를 부탁해 주례사를 하면서 감개무량하여 눈물을 흘린 적이 있다고 토로했다. 아름답고 장한 이야기다.

현재 전쟁문학회 회원인 최학 시인은 시집《고기가 달을 훔쳐 먹고》를 냈으며, 월남참전원로회의 홍보위원장인 정영기 시인은 시집《동이 트는 새벽》을 냈다.

그리고 문학가는 아니지만 안보문제에 연구가 깊은 이은성 전우(백마

정찰대)는 안보연구서로《김일성과 한국전쟁의 비밀》《모르면 공산통일 바로 알면 자유통일》《문답으로 파헤친 북한의 실체》등을 저술했으며, 서정갑(대령연합) 국민행동본부장은 열렬한 안보활동을 하면서 대중을 향하여 토해내던 사자후(獅子吼)를 엮어《曠野의 외침》이라는 연설문집을 냈다. 그는 다방면의 지식과 능력을 갖춘 출중한 인재인데 제도권에서 중용되지 못하는 것을 보면서 안타까움을 금할 수 없다.

전쟁문학회는 한 때 침체기에 빠지기도 했는데 그 때 필자를 위시한 일부 문우들이 『전우문학』이라는 이름으로 별도의 문학지를 발간하게 되었고 이 때 제2대 주월한국군 사령관을 역임하신 이세호 장군을 고문으로 모시게 되었다. 이 때 『전우문학』 창간호에 격려사를 보내주셨기에 여기에 올리기로 한다.

『전우문학』誌 발간에 대한 이세호 장군의 격려사

『전우문학』誌 창간에 붙임

창세(創世)로부터 인류에게 초래되는 갖가지 재난 중에, 전쟁은 가장 처참하고 가혹한 파괴적인 비참한 불행을 안겨주었습니다. 신은 인류를 창조할 때 인간에게 에덴의 아름다움과 평화와 행복을 주었는데 인간은 신의 뜻을 저버리고 탐욕과 이기주의로 인간이 인간을 죽이는 비참한 세상으로 변질되어 버렸습니다.

평화의 땅, 행복의 땅은 사라지고 가시와 엉겅퀴가 돋아나는 세상으로 전락되어 드디어는 B.C. 8세기부터 B.C. 3세기까지 500년간은 소위 '춘추전국시대'라 할 정도로 가장 혹심한 전란의 시기라고 말하는 역사를 지냈습니다. 물론 유럽에서도 여러 나라들의 각축전이 있었으나 그것은 어느 일정지역에 한정된 국지전의 성격을 크게 벗어나지는 않았습니다.

그러나 20세기 들어 서구에서의 공업화로 문물의 발달과 동시에 국력과 이에 따르는 무력의 신장은 지역간, 국가간 힘의 불균형이 생기게 되었으며 인간의 활동범위가 5대양 6대주로 넓어지고 교류와 이동이 활발해짐에 따라 인간의 욕망도 증대되었고, 이로 인한 전 세계의 역학구도(力學構圖)는 힘 있는 자가 힘 없는 자를 정복하는 패권주의가 성행하여 무수한 식민지와 속박 받는 민족이 생겨나게 되어 여기서 조성된 '갈등과 대항'의 먹구름, 그리고 '정복과 응징'의 반작용은 결국 大戰爭으로 폭발하였던 것입니다.

특히 세계에서 가장 아름다운 땅 한반도에서는 근세에 들어 노일전쟁, 청일전쟁, 그리고 6.25한국전쟁이라는 미증유의 참극이 벌어져 좁은 땅에서 피아간 30여 개 국 200여 만 명의 군대가 싸웠으며 그 피해는 수치(數値)로 계산할 수 없는 살상, 파괴의 참극을 연출하였습니다. 그래서 이 땅에 사는 한민족(韓民族)은 전쟁의 피해를 가장 많이 본 민족이며 평화의

이세호 장군과 대화를 나누는 필자, 뒤편에 현금남 박사(전우문학 사무총장)와 장군의 부인 오영숙 여사가 서 있다.

소중함도 그 어떤 민족보다 절실히 느끼게 되었습니다.

1950. 6. 25 한국전쟁에서 만일 UN군의 참전이 없었다면 대한민국이라는 나라에 '한강의 기적'이라는 경제부흥도 이루지 못하고 우리는 모두 공산주의 이념과 유물사상의 노예가 되어 가난과 압제에서 신음하고 있을 것입니다. 이는 북한에 군림했던 김일성 독재자가 무력으로 남한을 정복하겠다는 야욕에서 빚어진 전란으로 대한민국 국민만이 아니고 우리를 도왔던 자유

배정 시인과 고상현 시인이 주동하여 창간한 『전우문학』 현금남 시인, 김풍 번역문학가, 정일성 전우 등이 참여했다.

우방 국가의 많은 장병들이 피를 흘려야 하는 참극을 초래하였고 전 국토를 초토화시켰던 것입니다. 대를 이은 북한의 야욕은 지금도 핵폭탄과 미사일의 개발 등 지속적인 무력증강과 도발로 인하여 한반도의 긴장은 물론 세계평화를 위협하고 있는 것입니다.

이러한 점을 생각할 때 우리는 누구보다 앞장 서 전쟁을 규탄하며 세계평화의 선봉이 되고, 특히 혈맹의 나라와 국민들에게 고마움을 표하는 동시에 지금도 전란을 겪는 사람들을 돕는 역할을 많이 해야 될 것으로 사료됩니다.

금번 뜻 있는 인사들이 '전우문학회'를 구성하여 여러 가지 활동을 전개하는 동시에 季刊 『戰友文學』을 발간한다 하니 반가움을 금치 못하며 격려의 박수를 보내는 바입니다. 본인은 40여 년 전 월남전쟁 시, 주월한 국군 사령관으로서 문학애호 장병들 중 전장에서 보고 느낀 바를 詩로써 표현한 '파월 6주년기념시집'으로 《나의 생애 이 포복을》이라는 제호의

진중문집(陣中文集)을 발간한 바 있는데 지금 생각해도 매우 뜻 있는 일을 했다고 여겨집니다. 문학은 인간을 감동시키고 무엇보다 설득력이 강하다는 면에서 우리가 지향하는 바를 실천하는데 가장 효과적인 수단이라고 말하고 싶습니다. 또한 『전우문학』誌를 자유우방국에도 보급한다고 하니 그 제작과 운영에 적지 않은 애로도 있으리라 여겨지며 아무쪼록 초지(初志)를 굽히지 말고 지향하는 바 유종의 미를 거두기를 진심으로 기원하며 격려하는 바입니다.

  아울러 국내 강호제현들의 성원과 협력은 물론 자유우방 각국에서 보석처럼 황금처럼 쓰임 받고 계시는 뜻 있는 인사들의 관심이 많기를 기대합니다.

2010년 1월 원단에
전 육군참모총장 이 세 호(예비역 육군 대장)

전우문학(戰友文學) 회원

회장 하갑용, 수석부회장 김월환, 여성부회장 백낙춘, 감사 김병관, 사무총장 현금남, 기획실장 고상현, 주간 배 정, 편집위원 이혜정, 번역실장 겸 외교위원 김풍, 총무위원 정일성, 재정위원 홍이숙, 홍보위원 김각희, 사업위원 박희택, 조직위원 김화평, 관리위원 이인주, 선양위원 안은상, 정책위원 정창인, 여성위원 양혜자, 복지위원 허명숙, 섭외위원 서옥심, 문화위원 최혜란, 美동부위원 김병용, 美서부위원 김호길, 美서부위원 배정웅, 미서부위원 백형로, 남미(아르헨티나)위원 고화준, 기념사업위원장 윤병만(전우문학회는 근간 활동이 퇴조하며 위 회원 중 현금남과 배정은 전쟁문학회로 복귀하여 현재 활동 중임).

🌿 월남전의 영웅들 한 해(2013)에 모두 떠나다

― 이세호(李世鎬), 채명신(蔡命新), 보응우옌잡

2013년은 동양사(東洋史)에 또 하나의 의미를 더해 주는 해가 되지 않을까 여겨진다. 더욱이 월남전에 참전한 전우들에게는 크나큰 상실감(喪失感)을 던져준 해로 기억될 것이다. 다름 아니라 우리들이 믿고 의지하던 두 분의 사령관께서 모두 이 해에 서거하신 것이다. 그리고 적군 측이기는 했지만 역시 베트남 전쟁의 영웅으로 우리와 관계가 깊은 월맹군 사령관 보응우옌잡 장군도 이 해에 타계했다.

월남전의 세 영웅 채명신(1926년생), 이세호(1925년생), 보응우옌잡(1911년생) 장군… 이 불세출의 전략가 3명 중 가장 먼저 서거하신 분은 이세호 장군으로 공교롭게도 자유월남이 패망한 날인 4월 30일에 89세로 별세하고 적군(敵軍)의 영웅 보응우옌잡(武元甲)은 103살로 10월 4일, 그리고 세계적인 명장으로 회자되는 채명신 장군은 적장을 먼저 저승으로 보낸 한 달 후인 11월 25일 88세로 영면했다.

1. 이세호 장군(1925. 7. 26~2013. 4. 30)

이세호 장군은 지금은 북녘 땅이 되어버린 경기도 개성시 고려동에서 전주이씨 금성대군파의 21대손으로 태어났다. 부친 이기연(李基淵) 선생은 1921년 연희전문학교 문과 제7기생으로 입학하여 수학한 후에 1927년 다시 댈러스 감리교신학대학에 유학한 초대교회의 몇 안 되는 엘리트 목사였고, 민족주의 성향이 강하여 항상 일본 고등계형사의 감시대상이 되어 괴롭힘을 받았다. 모친도 기독교 집안에서 성장한 독실한 신앙인(권사)으로 그 아들 이세호에게 목사가 되기를 희망하였다. 이세호 장군은 성장하면서 '목사란 직업(?)은 돈도 못 벌고 항상 일본 경찰에게 감시나 받는

사람'으로 여겨져 개성고등보통학교(지금의 중고교)를 졸업하자마자 일본에 있는 항공병특별간부후보생(일명 소년병 비행학교—도꼬다이特功隊とっこうたい양성소)에 지원하여 합격통지서를 받은 후 가족들 몰래 일본으로 건너가 히로시마 외곽에 위치한 제6항공대(사령관 이은 황자)에 들어가고 만다. 이러한 돌출행동은 그 당시 청소년들 간에 유행병처럼 번져 있던 '숨 막히는 현실'에 대한 탈출구로 이용되는 일이 많았던 시절의 이야기다. 이 장군은 이 때를 스스로 악동기(惡童期)라고 한다.

미구에 히로시마에 원자폭탄이 투하되는데 이세호는 천우신조로 원폭 피해를 입지 않았고 그 2주일 만에 일본은 무조건 항복을 선언하게 되고 해방된 조국에 돌아온다. 그리하여 신생조국의 간성이 되고자 육사 제2기로 입대하여 1979년 2월 퇴역할 때까지 33년간의 군인으로 사명을 다하기 위해 신명을 바치게 되는 것이다. 이세호 장군은 자신의 생애에 항상 신의 가호가 있었는데 그것은 모친 안유선 권사의 간절한 기도의 덕분이라고 믿고 있었다는 것이다.

이세호 장군은 우리 전우들 간에 제2대 주월군 사령관으로만 기억되고 있는데 실은 한국군의 전투부대 파병에 앞서 [한국군 전투부대의 주둔지 선정, 작전지휘권, 파병부대의 정보 작전 인사 군수 등 각 분야에 걸친 다각적인 문제 등에 관한 군사실무 약정이 사전에 이루어져야 했던 것이다. 그리하여 1965년 6월 19일 지령 제7호로 연락장교단(단장 이하 장성 5명, 통역장교 2명)을 결성하고 이세호 장군을 단장에 임명하였다.

그리하여 동년 8월 18일부터 9월 8일까지 현지를 답사하여 한월간 그리고 한미간 제 사항을 협의하여 협정을 맺음으로써 우리 전투부대가 효율적으로 작전을 수행할 수 있는 기초를 마련하고 왔던 것이다.

월남 전투부대파병을 위한 연락장교단
단장: 육군 소장 이세호-합참 전략정보국장

육군 준장 이훈섭 - 합참 비서실장

　　　육군 준장 김용휴 - 육본 군수참모부 보급처장

　　　육군 준장 이범준 - 육본 인사참모부 인력관리처장

　　　해병 준장 김연상 - 해병대사령부 작전교육국장

　　　육군 중령 서영원 - 육본 군수참모부

　　수행: 미 육군대령 블레웨트 - 합참 수석고문

　그리고 채명신 사령관의 뒤를 이어 1969년 6월 1일부터 1973년 3월 23일 철군할 때까지 제2대 주월한국군을 통솔하였으며, 개선 귀국 후 제3야전 군사령관을 거쳐 1975년 3월 1일 육군참모총장을 맡아 1979년 2월까지 퇴역할 때까지 2번 연임하는 기록을 세웠다.

　이세호 장군을 잘 모르는 사람들은 얼핏 보기에 걸차게 생긴 풍모를 보고 용장이라고 말하는데 다년간 그를 가까이에서 모시며 겪어본 바로써는 그는 덕장(德將)이고 신중하고 지혜로운 지장(智將)이라고 말하고 싶다. 이 장군은 공교롭게도 자유월남이 패망한 날인 4월 30일 지병으로 타계하여 명예스러운 대한민국 육군장(陸軍葬)으로 대전 현충원 장군묘역에 안장되었다.

2. 채명신 장군(1926.11.27~2013.11.25)

　초대사령관을 역임한 채명신 장군은 1926년 11월 27일생으로(황해도 곡산) 해방 후 남하하여 육사 제5기로 군문에 들어 육군 소위로 임관되어 해방직후의 혼란기를 거쳐 6.25한국전쟁에서 구월산유격대를 이끌며 혁혁한 공훈을 세웠고 휴전이 된 다음에는 제2훈련소 참모장으로 발탁되어 요즘말로 적폐(積弊)가 자심했던 논산훈련소의 보급기강을 바로 세우기도 했다. 월남전 때 초대 주월한국군사령관으로 세계적인 전술전략가로 명성을 떨쳤다. 그야말로 출장입상(出將入相-전쟁터로 나가면 장수요 들어오면 재상감이라는 말)이라는 말이 어울리는 탁월한 인물이었기에 주위의 질시와 권력자의 경계의 대상이 되어야 했다.

　주월한국군사령관 시절에는 세인의 입에 회자되었듯이 세계적인 전략가로 정평이 나 있었으며 지장(智將)으로 명성을 날렸다.

　특히 채명신 장군은 살아계실 때 "내가 죽으면 월남전선에서 함께 싸웠던 병사들의 묘역에 함께 묻어 달라"는 유언을 남겼기에 생전의 크나큰 공적을 고려하여 규정에는 없지만 대통령의 특별한 배려에 따라 특례(特例)로 동작동 현충원 제2묘역(파월장병묘역)에 안장하게 되었다. 채 장군을 안장한 1주일 후 추도식에도 많은 추모객과 파월전우들이 참예하였고 그 때 필자가 쓴 헌시를 안승춘 위원과 여성 시낭송가가 낭송하여 장내를 숙연하게 하였다. 필자의 그때 헌시는 상당히 긴 장시(長詩)이므로 생략하고 대신 제2회 추도식 때의 원로회의 사무총장인 박영택 시인의 헌시를 첨부하고자 한다.

〈獻詩〉

故 채명신 사령관님 영전에 _ 시인 박영택
－ 제2주기 추도식

　　　오직 자유와 평화를 사랑하고 헌신하신 당신은
　　　평화의 사도였습니다.
　　　약관 22세 젊은 나이에 장래를 보장하겠다는 공산당 최고 권력자
　　　의 회유를 뿌리치고
　　　결연히 사선을 넘어 자유를 선택했습니다.

　　　8.15해방 후 자유의 땅, 서울은 붉게 물든 혼돈의 세계였습니다.
　　　당신은 마치 동족상잔의 6.25한국전쟁을 예견한 듯

국방경비대사관학교를 택하여 군인의 길을 걸었습니다.

天佑神助, 하나님의 도우심과 백절불굴의 군인정신으로
게릴라전과 정규전에 이르기까지 가는 곳곳마다
백전백승 승리의 주역이자 전쟁의 신이 되셨습니다.

타고난 기독정신과 골육지정의 부하사랑으로
누란의 위기, 한국전쟁에서 나라를 구하고
월남전에서는 세계가 인정한 불후의 명장이었습니다.

나라의 안위와 선린우방의 평화를 위해 참전했던 월남전에서
세계전사에 유례가 없는 중대전술기지를 창안해 구축하시고
전술책임지역을 평정하여 게릴라전의 명수로 거듭나셨습니다.

영웅의 뒤안길에서 질시와 모함, 고난의 가시밭길에서도
위대한 조국건설을 위하여 의연히 대처하시고
오로지 나라사랑을 평생의 업으로 여기셨습니다.

8평의 장군묘역을 마다하시고 1평의 사병묘역을
택하신 당신을
월남전참전전우-우리 모두는
영원히 잊지 못할 것입니다.
오오 우리들의 사령관이시어!
영원히 우리들과 함께 할 것입니다.

사병 곁에 잠든 장군 _ 죽천(竹泉) 백남렬

– 채명신 장군 흠모시

나를 부하 사병 곁에 묻어 달라
내 앞에서 죽어가던 병사들 잊을 수 없다
나와 함께 싸운 그들 곁에 나를 묻어다오
이촌동 집에서 늘 동작동 현충원 바라보시며
부하들 곁에 묻히고 싶다 입버릇처럼 되뇌시더니

그렇게도 묻히고 싶은 소망 향해
장군들 위해 제공된 여덟 평 마다시고
한 평짜리 사병 묘지로 가셨다 유언과 함께
같은 전쟁터, 같이 전사해도 장군—사병 차별한
불균형까지 바로 잡으셨으니 현충원의 영광이어라

조국 위해 눈앞에서 죽어간 병사들 생각에
막사에서 남몰래 통곡하셨던 장군
하늘이 알고 땅이 그 눈물 받아두었다
하나님 품으로 가실 때 함께 올리셨으리
그리하였으리. 지금도 내려다보시며 좋아하시리

백남렬
한국문인협회 시분과 등단회원(2004년)
한국아동문학회 홍보이사(현)
삼강시인회 2대회장(현)
김포신풍초등학교 초대교장 역임
기독대안학교 초대교장 역임
김포 유현초 · 신풍초 교가 작사
저서 시집《놀며 크는 이이들》외 동인지 다수

비명(碑銘)도 조국과 부하들 뿐
"그대들 여기 있기에, 조국이 있다."
"Because you soldiers rest here,
our country stands tall with pride."

백 명의 베트콩 놓치더라도
양민 한 명 보호하라 하셨던
부하사랑, 양민사랑 실천하신 덕장
살아서 존경, 잠들어선 영광 채명신 장군님

호국의 달 6월 어느 날 카톡에 뜬 한 편의 시를 보고 놀랐다. 채명신 장군을 흠모하는 시였는데 필자가 이 시를 보고 놀란 이유는 다름이 아니고 군대와는 전혀 관계가 없다고(?) 여겼던 한 은퇴 老 교육자의 글이었기 때문이다.

해마다 열리는 채명신 장군 추도식에는 으레 파월 용사들을 주축으로 하여 전 현직 군지휘관이나 예비역 장성이 대부분이고 일반인은 거의 찾

삼강시인회 회원들 – 신작시 낭송을 마치고 기념촬영

아보기 힘든 것이 사실이다.

　그 분은 필자도 회원으로 활동하고 있는 「삼강시인회」를 이끌어 오고 있는 竹泉 백남렬 회장(시인)이었다. 마침 6월의 첫 주일 아침, 독실한 기독교인(장로)이지만 아직 교회에 갈 시간은 아니어서 급한 마음에 곧바로 전화를 걸었다. '어떻게 해서 이런 시를 쓰시게 되었는지?' 를 물었더니 얼마 전 회원들과 함께 동작동 현충원을 찾아 한 바퀴 돌아봤다는 것이다. 이승만 대통령을 비롯하여 네 분 대통령의 묘는 물론 독립유공자 묘역과 6.25 전사자 묘역, 그리고 파월전몰장병 묘역을 두루 돌아 맨 밑에 자리한 제2사병묘역 맨 앞자리에 안장된 고 채명신 전 주월한국군 사령관의 묘 앞에 서니 만감이 교차하면서 이 시가 떠올랐다는 것이다.

　백남렬 시인은 전남 보성 출신으로 교육계에서 42년간 봉직하고 퇴임한 교육자이다. 처음 평교사로 출발하여 후반에는 경기도 김포에서 봉직하였는데 김포시가 점차로 도시화되면서 초등학교 수요가 늘어나면서 신설 학교로 옮기게 되고 그때마다 그 학교의 교가를 짓게 되었다. 특히 김포 신풍초등학교의 교장으로 교육계 봉직의 대미를 장식한 그 학교의 교가를 지어 지금도 그 교가가 불리는 것은 잊을 수 없는 일이라 했는데 이분과 같이 나라를 사랑하고 국가안위를 걱정하는 애국심이 투철한 교육자가 좀 더 많았으면 하는 바람이 간절하다.

3. 보응우옌잡(1911. 8~2013. 10. 4)

　보응우옌잡 장군은 1911년 8월 중부월남 안샤지방에서 농민의 아들로 출생했고, 일후에 호치민(胡志命)과 뜻(思想)을 같이하여 1945년 34명의 해방선전대라는 군사조직으로 시작하여 취약한 조건에도 남다른 친화력을 발휘하여 1년에 1만 명씩 병력을 늘려나갔다. 월맹군을 창설한 지 9년 만인 1954년에 디엔비엔푸 전투를 승리로 이끌어 프랑스군을 월남 땅에서 쫓아냈고, 1975년에 자유월남의 수도 사이공을 함락시킴으로써 자유월남을 영원히 지구상에서 사라지게 한 공산월맹의 영웅이 되었다. 그는 일찍이 중공의 마오의 전술을 습득한 노회한 전략가로 정평이 나 있었다.

상기 3인의 지휘관은 월남전쟁에서 활약한 영웅들이다. 그런데 이들은 각기 나름대로 특징이 있음을 간과할 수 없다. 위 3인 중 가장 빛나는 인물은 베트남을 통일시키는 데 주도적인 역할을 했던 보응우옌잡이라고 할 수 있을 것이다. 그러나 필자가 보는 관점에서 보응우옌잡과 채명신 장군 사이에는 상반된 측면을 찾아볼 수 있다. 보응우옌잡 장군은 '병력은 얼마든지 희생해서라도 목적만 달성하면 성공'이라는 사고방식으로 군을 지휘했다. 말하자면 국가목적을 위해서 인민의 희생은 어떠한 경우도 정당하다는 전체주의 사상이다. 반면에 채명신 장군은 목적이 아무리 중요하다 해도 인명(人命)의 가치를 초월할 수 없다는 사고(思考)여서 그 차이는 매우 큰 것이다.

채명신 주월한국군사령관은 중부 월남의 한국군 전술책임구역 내의 베트콩 점령지역인 송카우, 뚜이호아, 투이안 등지를 평정할 목적으로 1967년 3월 8일부터 5월 31일까지 북쪽에 배치된 맹호사단과 남쪽에 배치된 백마사단을 동원하여 서로 남진과 북진을 시켜 연결하는 소위 오작교(한국에 전래하여 오는 설화—견우와 직녀가 은하(銀河)에서 만난다는 전설을 딴 작전명/ 烏鵲橋) 작전을 전개하여 그때까지 차단되어 있던 중부월남의 유

위 사진은 오작교작전의 성공으로 1번 도로를 개통시킨 것을 기념하는 전승기념비 제막식을 마친 채명신 사령관과 휘하 장병들의 모습이다.(1967년 2월 15일)

일한 통로 1번 도로를 개통시킴으로써 세계의 전략가 군사평론가들을 놀라게 한 것이다. 이 때 한국군을 지휘한 채명신 장군의 명성을 특별히 드높인 이유는 바로 이전에 미군 중에서도 전투서열 제1급의 美 해병대가 1번 도로 개통작전에 실패한 뒤였기 때문이다.

그래서 나온 유명한 '지휘각서 제1호' "백 명의 베트콩을 놓치는 한이 있어도 1명의 양민을 보호하라"는 어쩌면 전장(戰場)의 이미지에는 전연 맞지 않는 파격적인 명령을 발동하게 되었는지 모른다. 특히 채명신 장군의 특징은 지는 싸움은 애초부터 시작을 아니 했다. 이런 예(例)는 중국 춘추전국시대의 손무(孫武—孫子로 더 많이 알려 있음)와 후삼국시대의 제갈공명, 그리고 임진왜란 때의 충무공 이순신 장군에게서만 볼 수 있는 것이다.

故 육군 중장 채명신은 20세기 한국이 낳은 불세출의 명장이다. 대한민국에 무수한 장군이 있지만 그리고 우리 역사 반만년에 무수한 장군이 국가와 민족의 안위를 위해 헌신하고 명멸했지만 그 이름 앞에 '위대한' 이

2013년 4월 26일 용산 삼각지 전쟁기념관에서 열린 '베트남전서연구세미나'는 월남전 때 안케패스 638고지 전투를 테마로 검토한 것으로 조선대학교 안경환 교수의 보응우옌잡 장군 칭송論에 대하여 필자의 '채명신 장군의 人命尊重精神 優位' 반론으로 한때 격론이 벌어졌던 바 베트남인 한국귀화자 전혜린 교수(우측 중간 박민식 前사무총장의 옆자리 여성)의 필자의 주장에 대한 옹호발언으로 종결된 바 있다.

라는 전치사를 붙이는 장군은 을지문덕과 이순신 외에는 없다.

필자는 채 장군 생전에 사령관님 앞에 '위대한' 이라는 호칭이 붙여질 것이라고 말한바 있었는데 그의 추도식에 참석해 보면 추도사를 읽는 분들이 벌써 그렇게들 하고 있는 것을 보면서 감개가 깊었다.

리더(Leader)의 인물론
– 미래 전우회의 리더는 어떤 인물을 세워야 할까?

이왕지사 엉망이 된 전우조직은 엄연한 현실이기에 과거에 얽매어 있지 말고 이제라도 훌륭한 리더를 뽑아 세움으로써 명예로운 용사들의 모임다운 건전한 조직으로 거듭나야 할 것이다.

이는 오직 우리들의 현명한 선택에 달려 있다. 어떤 사람은 얼마 안 있으면 사라질 전우회인데… 하면서 비관적인 말만 하는데 그렇게 소극적이거나 비관적인 자세는 현실타개에 도움이 되지 않는다.

6.25참전 선배들은 1953년 전쟁이 끝났고 우리는 1973년 철군했으니까 우리와는 꼭 20년의 시차(時差)가 있다. 그런데 작년 향군 회장 선거에 97세의 장경순 장군이 출마한 것으로 미루어 본다면 우리는 앞으로 30년의 시간이 남은 셈이다. 그래서 필자는 향후 30년의 미래를 걱정하며 대책을 모색하고자 하는 것이다.

필자는 인상학(人相學, Physiognomy)의 전문가는 아니지만 그 방면에 관심이 많은 탓에 전우들을 만날 때마다 '저 사람은 어떨까? 누가 이렇게 난맥상인 전우회를 올바로 이끌어 나갈 수 있는 재목일까?' 하는 생각을 하곤 한다. 2,300년 전 그리스의 철인(哲人) 피타고라스와 소크라테스는 제자가 되겠다는 사람을 처음 대하면 그의 용모를 먼저 살핀 다음에 여부를 결정했다고 하며, 우리나라 굴지의 어떤 재벌 총수도 신입사원을 뽑을 때 그의 인상을 보았다는(觀相을 보았다는 말도 있지만 그게 결국 그것이다) 설도 있는데 〈사람선택의 좋은 방법〉으로 일리가 있는 지혜라 할 것이다.

여기서 인상이 좋다 함은 배우나 탤런트처럼 미남으로 잘 생겼다는 말이 아니다. 어떤 사람은 첫인상부터 기분 나쁘고 정이 안 가는 사람이 있는가 하면 어떤 사람은 첫 대면에 호감이 가기도 한다. 단정한 용모에 호인처럼 보이나 인상학석으로 보선대 좋지 않은 상(相)도 있는 것이다.

우리 파월용사단체처럼 수십 만 전우를 포용하는 거대 조직을 이끌어나 갈 자질이 되느냐 아니냐 하는 문제는 실로 중요하다. 그 리더가 되려면 포용, 화합, 계획성과 추진력, 그리고 청렴성 등을 갖춰야 한다는 말이다. 이기적이거나 독선 독단주의는 절대 금기사항이다. 겉으로 보기는 부드러우나 내면으로 강함이 있어 때에 따라 불굴의 투지를 발산하는 그런 리더십이 필요하다.

소크라테스(디오게네스 B.C. 400년~B.C. 323라고도 함)는 그는 대낮에 등불을 켜고 "사람을 찾는다"고 저자거리를 돌아다녔다는 일화도 있지만 그러한 인물을 찾기란 실로 어려운 일이다. 요즘 간간히 TV에 방영되는 인사청문회를 보면 '양심적인 능력자'를 찾는 일이 얼마나 어려운가를 절감하게 된다.

조직의 생명성과 영고성쇠(榮枯盛衰)의 원리는 차세대를 어떻게 준비하느냐에 달려 있다. 성경학자들은 모세가 가장 잘한 일은 자기의 후계자를 여호수아라는 훌륭한 인물로 선택해 세운 것이라고 평가하는데 공자나 석가의 경우도 마찬가지다. 그들의 뜻을 이은 훌륭한 제자들이 있었기에 수천 년을 성자로서 추앙받는 것이 아닐까 생각한다.

정치나 일반단체의 경우도 마찬가지다. 우리나라의 정치가 계속해서 혼

들리고 있는 원인은 역대 대통령들이 훌륭한 정치가를 후계자로 양성하지 않은 데 있다.

우리 전우단체도 마찬가지다. 우리 전우사회에서 소위 뜻있는 인사들은 '사람이 없다'고 한탄하는데 사실은 위와 같은 여러 가지 조건에 부합될 만하다고 여겨지는 인물이 우리 주변에 틀림없이 있다는 확신을 갖는다.

어느 날 필자의 눈에 띤 사람이 있었다. "'우리 전우사회에 이런 사람도 있었던가?' 그 뒤로 그를 유심히 보아온 바 필자는 내심으로 '바로 이런 정도의 인물이라면 전우회를 맡겨도 되지 않을까?'라는 생각을 했다. 그러나 누구에게도 그 속내를 털어놓기는 어렵다고 여겨, 지금껏 마음 속에 묻어두고 있다.

이런 사람이 앞으로 우리 전우회의 리더(회장)가 된다면 틀림없이 우리 조직은 피를 나눈 전우들 간에 시기(猜忌) 갈등(葛藤) 모해(謀害) 질시(嫉視) 심지어는 고소 고발 등으로 얼룩져 난맥상의 질곡에 빠져 있는 오늘날과 같은 전우회를 화평한 분위기로 되돌려 놓고 제반 과업을 하나하나 차근차근 합리적으로 순조롭게 추진하여 성취해 나가리라 생각한다.

겸손하면서도 천박하지 않은 인품과 '됨됨이'가 마음에 든다. 전우회에서 중진급에 속하는 직책을 가지고 있으면서도 교만하지 않은 태도에 자연히 호감이 간다. 그러나 '물은 건너봐야 알고 사람은 겪어봐야 안다'는 말대로 내가 겪어보지 안 했으니 그 속내를 알 수 없고 다만 이만하면 되지 않겠는가 하는 생각이 든다.

간간히 들리는 말로는 '아주 훌륭한 회장감 인물이 있다'고 말하는 사람이 내 주변에 얼씬거리는 상황이기는 한데 진짜로 이보다 더 나은 인물이 있을 수도 있는 거니까 함부로 말할 수 없는 것이 아닌가? 부디 전우들의 혜안(慧眼)이 밝아져 이런 인물을 전우회의 리더로 맞이하는 날이 조속히 도래하기를 기대한다.

여기서 한 마디 전우들에게 당부하고 싶은 말이 있다. 오랫동안 전우언론에 종사하면서 느끼는 문제점이란 단체의 리더를 지낸 전임자(前任者)에 대하여 과거의 공적은 차치하고 재임기간의 사소한 잘못까지 들춰서 헐뜯고 시빗거리를 삼는 경향이 거의 고질병 수준에 이르고 있다는 것이다. 사실 '만인을 만족시키는 지도자'는 이 세상에 없는 것이다.

'공다과소(功多過少) 선재선재야(善哉善哉也)—공이 많고 과오가 적으면 잘 한 것이다'라는 옛말도 있다.

사소한 문제를 들춰내 인터넷 방에서 말장난이나 하는 소인배적인 누리꾼이나 말썽꾼은 전우사회에서 이제 사라져야 한다는 생각이다.

'사이비 전우' '무자격 참전유공자'도 전우사회에 끼어 있다는 사실과 이런 분자들이 더 설쳐댄다는 사실에 유의하기 바라는 것이다.

🌿 필자(南崗 裵政)의 전우사회에 대한 생각

1. 용사다운 용사가 되자!

'대한민국만세!'만 외친다고 해서 모두 애국한다고 말할 수는 없다. 열번 백 번 바른 소리(말)라도 말해야 할 때 외쳐야지 참아야 할 때 떠들어제치면 해로운 경우가 있는 것이다. 우리 전우사회가 그렇다. 가장 안타까운 일은 사안(事案)을 잘 알지도 못하면서 어디서 주워들은 말을 가지고 '잘 됐다 못 됐다' 떠들어 대는 전우들이 많다.

그리하여 시빗거리를 만든다. 많은 전우들은 그런 말에 더 귀를 기울이고 입 안주를 삼아 함께 떠들면서 희희낙락하는데 그런 행위는 전우회 발전에 하등의 도움이 되지 않을 뿐 아니라 오히려 해가 되는 것이다. 나아가 좀 배웠다고 하는 축은 글로 써서 전우언론이나 만만한 삼류 지방언론에 기고하여 글 솜씨 자랑을 하거나 인터넷사이트나 카톡에 올려 심심풀이로 삼는 것을 보면서 안타까움을 금치 못할 때가 많다.

제발 말을 하려면 잘(정확히) 알고 말하라는 것이다. 가장 바람직한 처신은 정시(正視) 정각(正覺) 정행(正行)하는 것이다. 엉터리로 지껄이는 소리가 더 요란하고 흥미로운 것 같다. 그래서 보훈병원 모퉁이 양지쪽에서, 각 종 모임에서, 다방이나 술자리에서… 전우들의 권익에 영향을 미칠 실로 중요한 사안들이 가벼운 입 초사에 안줏거리가 되는 것이다.

우리는 포화가 작렬하는 전장, 생과 사의 갈림길에서 살아 돌아온 참전용사들이다. 용사(勇士)이면 용사다워야 진정한 용사가 아니겠는가? 우리는 화랑도의 후예이다. 우리의 군인정신에는 화랑도의 정신이 면면히 흐르고 있다. 충효신용인(忠孝信勇仁), 우리는 그것을 월남전의 현장에서 실천하고 돌아오지 않았던가! 전우회 초기 얼마나 끈끈한 전우애에 불타고 봉사에 열렬했으며 헌신적이었는가?

그런데 요즘 왜 그렇게 변질되었는지 알 수 없다. 나이가 들어갈수록 더 성숙해지고 점잖아져야 할 텐데 젊었을 때보다 더 이기적이고 사려가 깊지 못한 방향으로 변해 가고 있으니 안타깝다.

세상의 모든 일은 동전의 양면과 같은 것이다. 정(正)과 부정(不正), 음(陰)과 양(陽)이 있어 서로 조화를 이루어 나가게 되어 있는 것이다. 오늘의 시대는 우리가 생각하는 것과 다른 생각을 가지고 있는 사람들과 조화를 이루어 나가야 할 세상이다. 이것이 합리주의이며 궁극적으로 민주주의인 것이다. 나의 생각과 다른 생각을 '틀리다'고 단정하지 않고 상대의 생각도 일리(一理)가 있을 거라는 융통성으로 역지사지(易地思之)하는 아량을 가져야만 훌륭한 민주시민이 될 수 있고 그럼으로 아름답고 행복한 사회를 이룰 수 있는 것이다.

한 가지 더 말하고 싶은 것은 세계 역사가 시작된 이후 가장 강성한 국가로 오래 유지한 나라는 로마제국인데 왜 그랬을까? 그것은 전쟁에 나가 공을 세운 용사들이 임무를 마치고 고향에 돌아오면 자기의 능력에 따라 고향을 위해 헌신적으로 봉사함으로써 젊은이로부터 존경을 받고 이웃으로부터는 사랑을 받음으로써 모범이 되어 그 사회를 건전하게 리드해 나갔다는 것이다. 이런 것이 진정한 용사의 모습인 것이다.

과거에 공을 세운 자들은 자칫하면 교만해지기 쉽고 교만해짐으로써 질시의 대상으로 눈총을 받게 된다. 그와 반대로 공을 세운 자들이 겸손하고 봉사에 힘쓰면 더욱 존경과 사랑을 받게 되는 것이다.

2. 선거제도의 개혁으로 훌륭한 리더를 뽑아 세우자!

우리 영예롭고 복된 노후를 보내야 할 전우들이 명예로운 대접을 받지 못하고 대부분 질병과 가난으로 어려운 생활을 영위하고 있다. 젊은 시절 조국을 위해 목숨을 내걸었던 참전용사로서 그에 상응하는 예우를 받기 위해서는 무엇보다 우리를 보호해 줄 단체가 즉 전우회가 잘 작동되어야 한다. 전우회가 잘 되자면 훌륭한 회장이 단체를 이끌어가면서 전우들의 명예와 복지 권익을 위해 혼신의 노력을 경주해야 한다.

그러나 우리 현실은 본격적인 전우회활동 30여 년간 우용락 한 사람을 제외하고는 위와 같은 일들을 제대로 수행한 회장이 없었다. 우용락 회장도 그런 일을 하기 위한 기초만 닦았을 뿐 일을 시작하다가 소송싸움에 말려 퇴진하고 말았다.

필자는 이러한 일들이 빚어진 원인은 회장을 뽑는 선거제도의 모순에 있다고 단언한다. 그러므로 현행 선거제도를 확 뜯어고쳐 개혁을 해야 한다.

첫째로 지금의 대의원제도는 유신시대나 국보위시대의 선거인단을 방불케 하여 온갖 비리와 전단(專斷)의 빌미가 되고 있다. 현재의 대의원들은 선거결과에 대한 책임도 지지 않는다. 그 숫자도 300여 명이라는 단체의 재정능력과 전우들의 생활수준에 비하여 과다한 고비용-체제이다. 세상에 전우회 회장 입후보공탁금이 국회의원 입후보 공탁금보다 많다니 천하에 웃음거리다. 선거비용을 충당하기 위해 3~4천만 원이라는 거금을 거는 현행체제는 넌센스이다.

둘째, 비민주의적이다. 현재 실권을 가진 회장이 거의 임명하는 식의 대의원은 기득권자의 시종(侍從)으로 전락할 가능성이 농후하다. 전체 회원들에게 책임을 지는 투표자에 의한 선거체제로 바꿔야 한다.

지난 해 9월 경 법원 파견 서현석 회장 대행을 만나 '공정하게 잡음 없이 회장을 선출할 수 있는 방안을 마련해야 한다'고 제언했던 바 자신은 '현상 유지' 그 이상은 위임받은 권한 외의 사안이라 잘라 답변했다.

그렇다면 그렇게 할 수 있는 권한을 가지고 있는 전우들, 가령 현재로서는 최고 의결기구인 이사회가 이 문제를 다뤄야 할 것이다. 전술한 바와 같이 현행 선거제도를 가지고는 회장 선임을 둘러싸고 불미스러운 분규가 계속될 것이 불을 보듯이 명확한 것이니 말이다. 비록 지금은 혼돈 상태이지만 어느 시점에서 소송문제가 해결될 것을 예상하고 미리 대비하는 차원에서 비상대책기구를 통하여 올바른 전우회로 가는 바른 길을 닦아 놓아야 한다.

3. 자중자애(自重自愛)하며 인내하자!

'역사에 만약(萬若)이란 없다'고 하지만 반세기 전, 베트남 전쟁에서 만약에 한국군이 도왔던 자유월남이 승리해 베트남을 통일했다면 파월용사들의 현재 위상은 어떠했을까?

그때 32만의 파월용사들은 하나밖에 없는 목숨을 내던져 국가의 명에 따라 전쟁터에 나갔고 그로 인해 가난과 실의에 빠져 암담하던 세계 최빈국이었던 한국은 경제부흥의 길을 열어 오늘날 세계 10대 경제대국이 되었음으로 당연히 영웅적인 대접을 받고 있을 것이다. 그럼에도 불구하고 그 용사들의 오늘날 현실은 푸대접으로 참담하다.

그래서 필자는 영예(榮譽)과 욕됨이 교차하는 삶을 살아가고 있는 노병들의 모습을 이 지면을 통해 투영해 보려 했다.

이것은 운명이 아닌가? 인류의 역사는 신의 뜻대로 굴러가는 것이 맞겠지만 인간의 바람(희망)과는 다를 때가 많다. 만약에 그때 부패 무능한 티우정권이 베트남을 통일했다면 그 또한 그들을 위해 불행한 일이 되었을 것이다. 베트남의 지도자 호치민(胡志命)은 비록 공산주의자이기는 했지만 그 자신과 그를 추종하는 그룹은 검소했고 '호 아저씨'라 불리며 인민과 친근하여 인민 위에 군림하지 않았으며, 레 둑토와 함께 도이모이라는 개혁 개방을 택함으로써 세계인류와 선린을 삼아 경제를 발전시키며 인민을 복되는 길로 인도하고 있으니 다행으로 여긴다.

그런 베트남의 모습이 우리 한반도 상황과 다른 점이다. 북쪽에 있는 金씨 왕조는 인민을 기만하고 폭압(暴壓)하며 서민생활은 돌보지 않고 고급 당원 등 1%만이 극치의 호사를 누리며 유일사상으로 영원한 왕국을 꿈꾸고 있다. 또한 지극히 패쇄적이며 부단히 세계평화를 위협하고 있다(핵을 개발하는 등). 이는 분명히 신의 뜻에 반하는 행위이다. 그래서 우리는 그들이 대오각성하여 행태를 바꾸지 않는 한 이러한 무리와 타협할 수 없는 것이다.

끝으로 우리 월남참전전우들은 자유민주주의를 최고의 신념으로 삼아 대한민국에 충성하며 헌신했던 과거를 불멸의 명예로 여기는 바 이를 영원히 버릴 수 없으며 앞으로 여생도 자유민주 대한민국을 위해 살아갈 것이다.

무엇보다 중요한 것은 월남전선에서 임무를 수행함에 있어 독실한 신앙인으로 神의 뜻에 어긋나지 않도록 애쓰시며 우리를 지휘하셨던 영원한 지도자이신 두 분 사령관님의 깊은 뜻을 새기며, 우리도 그렇게 진정한 용사로서의 금도(襟度)를 지켜나가야 할 것이다.

❧ 戰後 韓越친선에 기여한 전우들

1. 김현덕 전우 (시인, 에세이 작가, 前 기업인)

김현덕 전우는 해병대 예비역 대령으로 현역시절 군사영어와 국제 군사 전략과정을 수료하고 대학원에서 비즈니스 영어를 전공한 덕분에 현역시절 한미 KFS 기획단 한국군 대표로 년 3~4차례 미군핵심사령부를 방문하며 그 분야의 전략기획을 주도했었다.

퇴역 후 미국기업에서 임원으로 활동하다 1990년도 베트남 최초의 자동차그룹인 일본 MK 자동차공사 설립 주역으로 스카우트되어 6년간 총괄 부회장으로 활동하면서 전후 베트남의 도이모이 정책에 의한 경제 발전에 많은 역할을 한 산 증인이 되었다.

뿐만 아니라 전후 최초로 在베트남 한인협회를 설립하여 이끌어왔고 모국 정부의 최고위의 당부로 한월 재수교 성사를 위한 막후 역할을 맡아서 이를 성사시켰다. 그 외 한국 그룹기업들이 베트남에 진출하는 데 가교역할을 했다. 쌍용, 대우, 롯데, 금호, 한국은행 등등의 그룹회장과 사장들이 줄줄이 그의 자문을 받으려 베트남으로 달려왔다 한다.

김현덕 전우는 파월 때 청룡부대 소대장으로 참전했던 만큼 여느 전우들과 마찬가지로 가슴에 박힌 전쟁 트라우마와 현지인에 대한 애증의 골이 깊었던 것이다. 언젠가는 베트남을 위하여 마음의 빚을 갚아야 되겠다는 생각이 뇌리를 떠나지 않았다 한다. '뜻이 있는 곳에 길이 있다' 했던가, 그렇게 해서 기회가 주어졌고 현지인들과 긴 세월 몸을 부비면서 땀을 흘렸다 했다.

김현덕
1941년 진해 마산 출생
성균관대학교, 해군대학교 졸업
청룡부대 소대장으로 월남 참전
해병 대령 예편. 베트남MK자동차
회사 명예회장 역임
현재 남사이공항만공사 상임고문
삼강인회 자문위원장
한국전쟁문학회 자문위원

그는 15년간 베트남, 홍콩, 중국에서 3개의 오너회사와 여러 개의 韓美日 합작회사 설립에 관여하여 고문 역할도 겸했다. 베트남 국경을 넘나들면서 중국 땅에 한국인 최초의 런칭 회사를 설립할 때의 일화는 실로 흥미진진했다. 그가 진출했을 때의 열악한 현지 환경을 모두 열거한다면 사람들은 믿지 않을 거라면서 고생담을 털어놓는 모습이 숭고하기까지 했다. 김 전우는 일찍이 군 지휘관 시절에 '너의 부하는 내 자식이니 너는 그들을 아우로 생각하라' 고 중간 간부들에게 강조했다고 한다. 내 부하가 내 자식이라면, 그들의 아비이며 형인 나는 당연히, 아이들을 제대로 교육훈련시켜서 제 몫을 하도록 할 것이며 잘 입히고 먹이려고 애쓸 것 아닌가.

　그는 예편하여 민간 기업체에서도 현지의 수많은 종업원들을 자식처럼 애정을 가지고 거두려고 애썼다 한다. 말단 종업원이라 할지라도 애경사(哀慶事)가 있을 땐 빠지지 않고 현장을 방문하여 축하와 위로를 해줌으로써 사규가 허락하는 범위 안에서는 최대한의 배려를 아끼지 않았다.

　특히 퇴근 후 공부하는 직원들에게는 장학금을 지원했었다. 그러기를 몇 해 하고나니 어느덧 직원들은 김현덕 회장을 '아빠' 라고 부르길 좋아

1990년대 초반 베트남경제개발에 대한 강의를 듣기 위해 강당에 모인 호치민시 인민위원회 간부들. 맨 앞자리 청색 상의를 입은 이가 김현덕 씨. 당시만 해도 베트남경제가 후진이었기에 보이는 환경이 열악한 모습이다.

했다 한다.

그는 사회주의로 통일하여 체제를 안정시키고 경제부흥에 몰입한 베트남에서 능력이 출중하고 큰 기업인으로 주목을 받게 되었다. 그래서였는가? 한베 수교가 아직 이뤄지지 않고 있던 1992년경이었다. 베트남공산당 중앙위원회의 정중한 요청을 받게 되었다. 그 내용은 베트남 경제관련 간부공무원 1,500여 명에게 "첫째 어떻게 하면 베트남의 경제를 부흥시킬 수 있는가? 둘째 당신이 제시하는 방향대로 할 경우에 향후 20년 단위로 변화하는 베트남의 경제상황은 어떤 모습이 될 것인가를 전망해 주라"는 것이었다.

김현덕 합작회사 총괄부사장은 하노이 공산당연수원 대강당에서 3시간 동안 그들의 요청에 맞는 강의를 유창한 영어로 설파하였다. 그로부터 30년 후 은퇴한 당시에 장관급의 베트남 고위 간부를 우연히 만났다.

그가 하는 말―, "그 당시 김 사장님의 강의에 크나큰 감명을 받았지만 지금 회고하면 당신의 처방과 오늘의 베트남경제발전상이 어쩌면 그렇게 꼭 맞아떨어졌는지 경탄을 금치 못 하겠다"고 술회했다.

그럭저럭 숱한 우여곡절을 겪으면서 쌓아온 기업 활동 15년차가 되던 해 그는 현역시절 수술 받은 상처에 후유증이 생겨 큰 탈이 나 쓰러졌다. 급기야 베트남에서의 모든 사업을 정리 수습하고 빈손으로 귀국하여 중앙보훈병원에서 재수술로 6개월을 병상에서 지내야만 했다.

퇴원 후 중견그룹 총괄부회장과 두산그룹, 신세계그룹의 고문으로 2~3년 활동하다 은퇴를 결심하고 봉사의 길로 나섰다.

서울역 노숙인 돌보기 봉사와 장애복지원 봉사 그리고 다문화가족에게 영어로 한국어 가르치기 등, 10여 년째 자원봉사를 하면서 신앙인으로 이웃에게 작은사랑 나눔을 실천하는 생활에 맛 들여갔다. 뿐만 아니라, 시와 수필가로서 그의 일생을 성찰하는 글을 쓰기 시작한 지가 벌써 열두 해가 지났다 한다.

김 전우는 그의 인생 1막은 국가의 간성으로서, 2막은 사업가로서 눈코 뜰 새 없이 바쁘게 살았지만, 이제 제3막은 문인(文人) 및 봉사자로서 비로소 자신을 돌아보면서 여유롭고 평화롭게 살고 있다고 한다.

현재 77세인 그는 지금도 그의 옛 부하직원이 설립한 베트남 중견그룹에 수석고문으로 예우 받으면서 드나들고 있다.

2. 김복남 전우(선교사, 사회사업가)

백마부대 30연대 요원으로 파월한 김복남 전우는 행정요원인 관계로 파월기간 대민친선활동에 적극 참여했는데 그는 독실한 기독교 신자로 그때마다 주민들을 대하면서 인도주의적 입장에서 움직였다. 오랫동안의 전쟁 때문에 어렵게 살면서도 그 어려움에 대한 불만이나 불행하다는 생각보다는 오히려 나름대로 주어진 현실에 순응하는 삶에 만족하고 따이한 대민친선요원들의 작은 봉사에도 고마워하는 것을 보면서 '이들은 선량한 민족이다' 라는 생각을 하곤 했다는 것이다.

한편 불교 승려와 가톨릭 신부들의 민중선동에 의한 데모 시위로 소란한 현장을 보면서는 '이 사회는 종교가 잘못 되었다' 는 나름대로의 판단

김복남 전우가 설립한 사이공의 봉제기술학교 졸업식(1991년 6월 27일)

을 하면서 일후에 제대하면 선교사가 되어 이곳에 와서 진짜 봉사를 해야겠다는 결심을 하는 것이었다.

그는 귀국 후 목사안수를 받고 상당기간 목회활동의 경험을 쌓은 후에 1990년 베트남으로 향했다. 그때는 베트남 전체가 공산월맹에 의해 통일을 이룬 관계로 자유월남을 지원해 파병한 한국과는 수교를 않는 상황이었기에 비수교국가인 한국국민으로서 입국하여 활동하는 데는 상당한 애로가 있었지만 일단 상당량의 필수품들을 챙겨가지고 사이공(구 호치민시)에 들어가는 데 성공했다. 그는 오직 기독정신의 근본인 '긍휼히 여기는 마음' 하나만을 등대로 삼아 숱한 난관을 하나하나 극복하면서 문제를 풀어나갔는데 그의 목표는 '고기를 주는 것보다 고기를 낚는 법을 가르쳐 주는 것'으로 삼았으니 그가 할 수 있는 적당한 일은 첫째로 봉제기술을 가르쳐 주는 일로 정했다. 전쟁 후 베트남 사회에는 할 일이 없어 놀고 있는 주부나 소녀들이 많았는데 이들에게 돈을 벌 수 있는 자립기반을 세워주기로 한 것이다.

그런데 궁극목표를 위해서는 접근과 관심을 끌어야 했으므로 의류나 소소한 생필품을 마련하여 가지고 가서 나누어 주는 일을 몇 차례 하고 나니 다음에는 자기를 환대하고 어느 정도 친근해졌을 때 봉제기술학교를 여는 데 필요한 것들을 준비해 가지고 들어갔다.

김복남 전우는 필자가 알기로 행정의 달인(達人)이었기에 목표설정과 시행과정이 치밀했다. 대한적십자사와 GAP선교회의 지원을 받아 모든 일을 진행하였으므로 당초 계획과 결과가 딱 맞아떨어졌다.

호치민시의 제1봉제기술학교인 「사랑의 집」은 성공을 거두었고 이어서 몇 곳의 기술학교를 더 개설하여 운영하니 베트남 당국에서도 이 일을 환영하고 나중에는 베트남 정부에 상신하여 훈장까지 수여하는 감사표시를 하였다. 그는 호치민시 교육공로훈장, 베트남 적십자사 인도주의훈장과 베트남정부에서 주는 최고훈장인 '평화수호훈장'까지 받게 되었다.

결국 김복남 전우 개인적인 봉사활동이 훌륭한 민간외교로 한월친선에 기여한 결과를 가져온 것이다.

특별히 한 마디 붙이자면… 김복남 전우는 뛰어난 행정능력의 소유자다. 고엽제 신청관계로 서류 작성하는 것을 본 적이 있는데 얼마나 깔끔하게 만들어 왔는지 30여 년 전우회 생활 중에 처음 있는 일이어서 깜짝 놀랐다. 그 뒤에 그를 만나 '신청했는가?' 물었더니 하는 말, 담당자가 제출서류를 보더니 "지금까지 이 부서를 담당한 이래 선생님같이 완벽하게 서류를 해 오신 분은 처음 본다"고 하더라는 것이다. 그래서 필자는 그가 '행정의 달인'이라는 것을 알게 되었다. 그의 단체 참여는 좀 뒤늦은 편인데 그간에 국회 담당 목사 등 사회활동에 전념하면서 전우회에는 신경을 쓰지 못했다는 것이다. 용산구지회장을 거쳐 서울시지부의 부회장을 마친 다음 필자와 함께 중앙회 자문위원을 맡은 적도 있다.

3. 김병하 전우(사회사업가)

동아일보 1990년 7월 9일자 기사에 아래와 같은 내용이 실려 있다.

'한국의 베트남 참전으로 인한 혼혈아라는 부담을 안고 주위의 따가운 눈총을 받으며 어렵게 살아가고 있는 한국계 2세들에 대하여 직업기술교육과 한국어 강좌를 위한 「한월직업기술원」이 6일 호치민시(구 사이공)에 개설되었다.

이 학원은 전주월한국군 사령관을 역임한 채명신 씨가 후원하는 국제사회복지협의회와 관련을 맺고 있는 '국제사회개발주식회사'(베트남 현지 대표 김병하)와 한국계 무역회사인 '베트코 유한회사—대표 이종오'와 호치민시 교육위원회 푸녕군 인민위원회가 이날 호치민시에서 양측 관계자들과 베트남 관계인사 및 학생 350여 명이 참석한 가운데 전기한 학원의 현판식을 가졌다.

학원의 현판은 한글로 된 「한월직업기술학원」이라고 되어 있었는데 10

일부터 개강한다.

　김병하 전우는 6.25한국전쟁에도 참전한 노병으로 월남전 때는 중대장으로 파월하여 그 때의 전투경험을 살려 효과적인 임무수행을 했을 뿐만 아니라 병사들의 고충도 세세히 살피는 지휘관으로 정평이 났었다고 한다. 그는 독실한 기독교 신자로《땅 끝까지 전하라》는 자전적 인생경험과 신앙고백서와 같은 책자를 내기도 하였다.

사랑 나눔의 봉사 戰友

—前 서울역홈리스연합회장 최성원 목사
노숙인 무료급식 20여 년 지속

　국민소득 2만불시대, 세계 10대 경제대국이라는 풍요를 구가하고 있는 한국의 뒤안길에는 거리에서 찬 잠을 자며 한 끼 식사가 아쉬운 이웃이 수두룩하다. 나라의 경제능력이 이만하면 이들을 돌볼 만도 한데 어느 국가기관이 이들을 관리한다는 말을 듣지 못했다.

　필자는 평소 친분이 두터운 전우, 백마 28연대에서 정훈병으로 월남어 통역을 맡아 대민친선활동을 하다가 귀국한 최성원 전우가 목사가 되어 서울역 앞에서 노숙자 무료급식을 한다기에 찾아가 본 일이 있다.

　10여 년 전의 일이지만 그 때 한 급식자의 모습이 생생하여 지워지지 않는다. 배식을 받은 한 청년이 식판을 들고 나무 밑에서 기도하면서 한참이나 숨죽여 울고 있었다.

　"저기 젊은 친구는 식판을 들고 한참이나 울고 있더군, 그 모습을 보니 나까지 기분이 야릇해지네" 했더니 최 목사는 이렇게 대답했다.

"저런 친구는 언젠가는 틀림없이 재기할 겁니다. 저런 사람들을 위해 봉사하는 것은 매우 보람된 일이지요."

필자와의 대담 중에 정색하며 하는 말이, 급식을 받기 위해 줄서 있는 이들을 보고 모두다 무능력자인 양 흰 눈으로 보는 시각은 옳지 않다는 것이다. 그 중에는 무능과 나태에 의해 그렇게 된 사람도 있지만 대개는 불가항력적인 외부의 요인으로 그렇게 된 경우가 더 많고, 특히 1990년대 말 IMF로 인해 파산사태가 일어났을 때는 전적으로 국가의 경제정책 실패로 그렇게 된 것이었다. 하여튼 일정기간의 시련을 거쳐 재기에 성공하는 사람도 많다는 것이다.

그 후 필자는 이런 얘기를 전우들에게 들려줬더니 우리도 최성원 목사의 급식봉사에 한 번이라도 동참하자고 하여 전주에서 올라온 현금남 목사(월참원로회의 부의장) 등 수명의 전우들이 용산역 뒤 굴다리 밑 급식장소에서 국자와 주걱을 들고 배식을 한 일이 있다.

우리 전우 중에는 사업가로 성공한 사람이 있는가 하면 출세한 고관대작도 있다. 또 국회의원으로 명성이 자자한 정치인도 많지만 인생밑바닥에서 신음하는 이웃에게 사랑의 손길을 펴는 전우는 그다지 많지 않다.

필자는 며칠 전 한 지인을 만나기 위해 서울역으로 가는 도중에 무료급

길게 늘어선 배고픈 사람들

최성원 목사가 운영하는 노숙자 쉼터

현금남 목사 등 원로 전우들이 밥 퍼주는 봉사에 동참

현금남 목사가 최성원 목사에게 표창장을 수여했다.

식소 앞에 길게 늘어선 초라한 행렬을 보고 마음이 우울해졌다.

'이 사람들이 빨리 재기해야 할 텐데…! 6.25전란 때도 꿀꿀이죽을 얻어 먹기 위해 저렇게 줄을 서서 연명하여 살아남았고 지금 이렇게 잘 살고 있는데….'

낮은 데서 봉사하는 일은 아무나 하는 것이 아니다. 여기서 필자는 20여 년간 노숙자들에게 무료급식을 계속해 오고 있는 최성원 전우의 독특한 봉사철학(?)에 대하여 머리를 끄덕이지 않을 수 없게 된다. 그의 지론인즉 '나눔은 생명이자 행복이다'라는 것이다. 자기의 작은 나눔은 타인에게는 생명이 되고 나에게는 비록 고달프지만 행복으로 돌아오고 결국에는 너와 나의 공동의 행복이 된다는 것이니 그 이상의 깊고 소중한 철학이 어디 있겠는가?

최성원 전우는 목사이기에 '예수님의 사랑을 실천한다든가 또는 그런 봉사를 통해서 선교를 할 수도 있다'는 하나님의 사명을 실천하는 하나의 방법으로 여김이 틀림없을 것이다. 하지만 필자의 생각으로는 월남전선에서 전투 3할, 대민사업 7할이라는 사령관의 방침에 따라 경로잔치라든가 마을 돕기 사업에 기쁜 마음으로 열심이던 그 당시의 연장선이 아닌가 하는 착각이 들기도 한다.

계속되는 무료급식에 소요되는 재원은 어떻게 조달하는가? 최 목사는 이를 위하여 부단히 기도한다고 했다. 기도하는 가운데 손을 내밀 곳을 생각하게 되고 전화를 하거나 찾아가면 손을 잡아준다는 것, 어떤 때는 자발적으로 지원의 손을 내밀어오는 독지가가 있고 교회도 있다고 했다.

필자가 서울역 급식장소를 찾아갔을 때는 기업은행인가에서 남녀 은행원들이 나와서 이마에 땀을 흘리면서 봉사하는 것을 보고 감동하였다.

앞으로의 그의 소망은 현재의 식사제공에 멈추지 않고 재기의 의지가 있는 사람에 대하여 그것을 돕는 별도의 고정적인 공간을 마련하여 수용함으로써 그들의 미래를 열어주는 일을 하고 싶다 했다. 여하튼 최성원 전우는 사랑이 많은 자랑스러운 전우사회의 한 사람이다.

*홈리스연합회: 사랑 나눔의 같은 일을 하는 21명 목사들로 구성된 봉사 연합단체

밥 주는 사랑 _詩人, 南崗 배정

월남전선에서 살아서 돌아온 전우
불타는 정글 속에서 총 맞아 죽지 않고
살아서 고향에 돌아오게 하신 하느님
고마워서 목사가 되었다

목사가 되어 가장 하고 싶은 일
예수 사랑 전할 길은
이 땅에 굶주리는 사람들에게
한 끼 밥 주는 것이 가장 중요하다 생각했다
"나눔은 생명이요 행복이다"

이 얼마나 소박하고 위대한 철학이냐

고되고 더럽고 어리석어 보이는 봉사
잘난 사람들은 비웃지만
예수님은 그 사람을 가상타 하리

세종대왕 이르기를
"밥은 하늘이다"
한 끼 밥이 바로 생명이기에
이 세상 이런 사랑보다 소중한 것
어디에 또 있을까

2018년 6월 23일 아침
노숙자 무료급식봉사자 최성원 전우 목사를 생각하며

우용락 전우 무료급식 봉사
―『참사랑나눔동행』 다양한 사회봉사 15년

　필자는 금년 1월 30일 전우의 명예수호에 대하여 논의한다는 말에 전우
회지킴이 류재호 회장과 류재욱 인터넷홍보위원장의 승용차로 구미시까
지 간 일이 있다. 우리 일행은 어느 자그마한 빌딩 앞에 차를 세우고 3층으
로 안내되었는데 거기에서 우용락 전우회 명예회장이 반가이 맞아주었고
이내 그 건물 지하실로 내려갔는데 거기에 대형 주방시설이 갖춰져 있었

다. 100여 명이 앉을 수 있는 식탁과 의자가 있었고 벽면에는 무료급식소를 알리는 부착물들이 붙여져 있었는데 이것을 보고 무료급식소를 잠시 빌려 회의를 할 모양이구나! 라고 생각했다.

나중에 알고 보니 우용락 회장이 직접 운용하는 무료급식소이며 건물은 자체소유라는 것이었다. 필자는 '우용락 회장이 이런 봉사도 하고 있구나! ' 하고 은근히 놀랐다.

우용락 회장은 2002년 '참사랑나눔동행' 이라는 비영리 봉사단체를 설립하여 환경보존운동과 농어촌농수산물 제값 받고 팔아주기 운동을 벌이며 한편으로는 불우가정의 학생을 선발하여 장학금을 지급하여 오고 있다는 것이다.

그리고 2004년 4월부터는 본인의 건물 지하 50여 평에 무료급식소를 개설하여 주 3회 화·수·목요일에 100명 내외의 어르신들에게 무료급식을 해 오고 있다는 것이다. 또한 때때로 노래 위로잔치를 여는가 하면 1개월에 1회 정도 이발과 할머니들에게는 미용봉사를 해 주고 있다는 것이다.

필자의 관점에서는 위 최성원 목사의 노숙자 무료급식과는 격이 다르고 '슬프지 않은 곳' 이라고 생각하면서 이러한 봉사도 참전용사로서 참으로 장하고 지역에서 칭찬받을 일이라는 생각을 했다.

구미시에 있는 어르신 무료급식소(흰 셔츠 차림이 우용락 회장)

🌸 전우 사이에 재미있는 에피소드 몇 토막

1. 이세호 사령관과 전재현 대령

1969년 4월 27일 9시 50분경 김포공항 활주로, 新任 주월한국군사령관을 태우고 월남으로 떠나기 위해 대기하고 있는 T-39 소형 제트기 앞에서 벌어진 촌극(寸劇)이다.

"전 대령 타."

이세호 장군이 배웅 나온 사람들 중에 서 있는 한 사람을 향해서 하는 말이다. 무얼 타라는 말인가? 밑도 끝도 없이 무조건 타라니….

전재현 대령은 어리둥절하여 李 장군을 멀뚱히 바라보자 그는 지금 막 이륙을 위해 시동을 걸고 있는 전용기를 바라보며 손짓하고 있는 것이 아닌가.

실로 황당한 일이 아닐 수 없다. 전 대령은 다만 부인과 함께 李 장군의 배웅을 나왔을 뿐인데, 전쟁터로 갈 아무런 준비도 없는데, 갈아입을 내의는 물론 세면도구 하나도 없이 맨몸으로….

그러나 전재현 대령은 李 장군의 말(명령)을 거부할 수 없는 처지였다. 배웅 나온 사람들이 있는 쪽, 실은 아내가 있는 쪽을 힐끔 돌아다보며 천천히 비행기에 올라 기체 안으로 모습을 감추었다. 배웅객 속에 섞인 전 대령의 부인도 황당하기는 마찬가지일 것이다.

순식간에 남편을 잃고(?) 홀로서 집으로 발길을 돌려야 하는 그의 심정이 어떠했을까를 생각하면 실소를 금할 수 없는 것이다. 필자는 전 장군(후에 장군으로 진급함)이 종합학교 동문회장으로 계실 때 점심을 같이 하자 하여 성수동 칼국수 집에서 그 부인과 셋이 식사를 하면서 그 이야기를 하는데 배꼽을 쥐어짜는 웃음판이 벌어진 적이 있다.

또 어느 때 이세호 장군 숙소에서도 그 이야기가 나와 웃음판이 벌어졌는데 그 때 옆에 계시던 오영숙 여사께서 "그 때 당신 너무했어! 하여간 군인들이란 이해가 되기도 하고 이해 안 되기도 하는 사람들이야!"라고 하여 또 한참이나 웃었던 생각이 난다. '믿었으니까 그렇게 얼토당토않은 명령을 내릴 수 있었던 게 아닐까!' 그러한 군인들… 상관과 부하 사이의 미묘한 믿음에 대해서 일반 사람들이 쉽게 이해하지는 못할 것이다.

필자는 6군단 공보장교 시절 작전참모였던 전재현 장군(당시 대령)을 보면서 속으로 생각하기를 '저분은 인간적으로나 군인으로서나 참으로 진국이다'라는 생각을 했다. 그러기에 이세호 장군도 그를 심복(心腹=마음 깊이 신뢰하는 사이)으로 여겼을 것이다. 그렇게 믿었기에 그토록 얼토당토 않는 명령을 하였을 것이라고 생각하며 이거야말로 우리 군인세계에 있어서만 존재할 수 있는 아름다운 美談이 아니겠는가라는 생각을 하면서 여기에 소개하는 것이다.

전재현 대령은 주월사령부에서 사령관 특별보좌관으로 4년여 간 이 장군을 모시다가 마지막 철군 때 이 장군과 같이 전용기를 타고 귀국하여 얼마 후 장군으로 진급하였고, 일후에 소장으로 진급하여 사단장을 역임하고 예편하여 그의 고향사람들이 남쪽으로 피난하여 다시 일으켜 세운 오산학교의 교장으로 발탁되었는데 몇 년 후 우리나라에 민주화바람이 거세게 부는 시대를 맞아 '군인 출신 교장' 축출운동이라는 횡액(橫厄)을 만나게 된 것이었다.

전재현 장군이 군인 출신이라고 '군바리 교장' 쫓아내기 운동이 벌어졌던 것이다. 그는 온유하고 성실하며 합리적인 사람이며 인간적으로도 흠하나 잡을 것이 없는 진국 중의 진국인데 단지 군인 출신이라는 이유로 축출운동이 벌어진다는 것은 아주 못된 시대적인 풍조를 한탄하지 않을 수 없다. 문제는 군사혁명과 12.12 군사쿠데타의 잔상(殘像)이 군대에 대한 무조건적 거부반응으로 표출된 것이 아니겠는가? 군사혁명은 한 번으로 끝났어야 할 불가피한 숙명이었다고 치자. 그것으로 인해 가난을 물리쳤으니 부득불 이해될 만도 한데 치기(稚氣) 야심만만한 소장(少壯) 장교단이 또 일을 저질러 정권을 휘어잡고 독재를 자행하니 나라가 위급할 때 나라를 구할 유일한 조직인 군대에 대한 눈길이 비뚤어지게 된 것이 아닐까 생각한다. 옛말에 이르기를 가빈에 사현처(家貧思賢妻-집이 가난하면 어진 마누라를 생각하고)요, 국난에 사충신(國難思忠臣-나라가 위태로울 때는 충신을 생각한다)이라 했듯이 국군은 어떤 집단보다도 국민으로부터 사랑받아야 할 조직체인데 국민이 이렇게 흘기는 눈으로 보고만 있으니 개탄하지 않을 수 없는 일이다.

사실 전재현 장군은 12.12 이후 신군부로부터 수모를 받다가 곧바로 예편당한 불우한 군인이기도 했다. 필자가 기억하기로 이 분이야말로 몇 안되는 훌륭한 군인이요, 존경하는 선배로 마음에 새기고 있는 분이기에 더욱 가슴 아프다.

2. 최갑석 항공감(航空監)과 이세호 참모총장

최갑석 장군(예육 소장)은 〈장군이 된 이등병〉으로 유명한 입지전적인 군인이다. 준장으로 진급하여 육군본부 인력관리처장을 맡고 있을 때인데 1975년 3월 이세호 장군이 참모총장으로 부임하였다. 이야기는 지금부터 시작된다. 최갑석 장군은 참모총장실로부터 호출을 받았다.

총장께서 부임 초기에 그 많은 장군들 중에서 가장 낮은 자신을 왜 부르실까 월남전 때 주월사령부에서 인사참모로 모신 인연이 있긴 하지만 그런 사사로운 이유로 일개 준장을 부를 까닭이 없을 것이고 웬일일까 하며 총장실로 들어갔다.

"어이 최 장군, 당신 항공감(航空監)을 좀 맡아줘야 되겠어!"

"예!! 항공감이라니요? 저는 조종사가 아닙니다. 조종사가 아닌 사람이 어떻게 조종사들을 통솔할 수 있겠습니까?"

"알고 있지! 그럴만한 이유가 있으니 잠시 맡아주어야 되겠어. 인사관리에 신경을 써서 체계를 잡아놓게."

최 장군은 사려 깊은 이세호 총장이 그러한 명령을 내리는데 대해 단순히 엉뚱한 명령이라고만 여기지 않고 '그럴만한 이유가 있을 것'이라고 생각하며 굳이 그 까닭을 캐묻지 않았다.

최갑석 장군은 아무리 지엄한 참모총장의 명령에 의해 맡은 직책이고 또 '잠시만'이라는 단서가 붙은 인사이지만 항공감을 맡고 난 다음에 날마다 대하는 감실 요원들이나 예하 비행대를 찾아가도 만나는 장교들이 모두가 가슴에 번쩍번쩍 빛나는 위잉(Wing)을 달고 있는 상황이니 당초 체면이 서지 않았다. 그래서 서울에서 가까운 육군항공대에서 특별조종교육을 받아서라도 위잉(Wing)을 따기로 작심하고 하루 한나절은 L-19 비행기에 올라 교육을 받았다. 그러기를 2개월 만에 단독비행을 마치고 실력면에서는 위잉(Wing)을 달 만한 기량을 습득하였으나 비공식으로 습득한 실력을 공인받지 않고서는 비행사로서 행세하기는 어려운 것이었다. 그래서 궁리 끝에 얻은 해답은 '참모총장을 태우고 비행을 하면 누가 뭐래도 당당하게 조종사로서 인정할 것이 아닌가?'라고 생각하고 어느 날 총장실에 가서 "총장님 오늘 특별히 보고할 것이 있어서 왔습니다. 다름이 아니라 제가 이번에 항공조종사 훈련을 마치고 비행사가 되었습니다. 그래서 오늘 총장님을 모시고 대전까지 비행하여 갔다가 오겠습니다."

"어… 어떻게 그렇게 빨리 조종사가 됐다는 거야?"

"이를 악 물고 특별교육을 받았지요! 그리고 단독비행(單獨飛行)도 마쳤습니다."

"아아 그랬구먼! 참 잘했어요. 그런데 말이야, 나는 오늘 바빠서 당신 비행기를 못 타겠어요, 그러니 차장(참모차장)한테 가서 같이 가보자고 하지!" 하면서 회피하는 것이었다.

최 장군은 할 수 없이 참모차장한테로 가서 총장실에서 했던 말대로 대전까지 비행하여 갔다가 오는데 동승하기를 요청했더니 역시나 참모차장도 이세호 총장과 똑같은 말로 회피하는 것이었다.

최갑석 장군은 차장실을 나오면서 혼자 생각했다.

'그럴 테지! 나는 왕초보 비행사가 아닌가? 땅 위에서 달리는 자동차의 초보운전자의 차량도 타기를 꺼려 할 판인데 하물며 하늘로 나는 비행기를 모는 왕초보 비행사라니…'

만일 자신이 그러한 경우를 당했어도 그렇게 회피했을 것이라고 생각하며 쓴 웃음을 지었다.

'하여간 누구라도 내가 비행기를 몰고서 적어도 대전까지는 갔다가 오는 것을 입증해 줄 사람이 필요한데…'

그때 머리에 떠오르는 사람이 만만한 자기 수하의 전속부관이었다.

"어이 김 중위, 오늘 내가 모는 비행기를 타고 대전까지 갔다 와야겠어! 점심 식사하고 1시 반에 떠나자구…"

이리하여 U비행장에서 육군 L-19경비행기에 전속부관을 태우고 이륙하여 대전 3관구 비행대 비행장까지 갔다가 거기서 잠시 휴식을 취하고 되짚어 서울로 무사히 돌아오는 데 성공하였다.

서울 U비행장에서, 비행기에서 내리는 최갑석 장군과 전속부관 김 중위 두 사람의 모습은 청천하늘 맑게 갠 날씨인데도 소낙비를 맞은 것처럼 땀범벅이 되어 후줄근하게 젖어 있었다.

하얗게 질린 얼굴로 최 장군을 바라보는 김 중위, 그가 실토하는 말은 이랬다.

"감(監)님, 저 오늘 죽는 줄 알았습니다. 실은 점심 먹고 떠나기 전에 집사람한테 전화를 걸었어요. 내가 돌아오지 않으면 죽은 걸로 알라고."

최갑석 장군은 남이 따라가지 못할 학구파요, 매사에 열성인 출중한 인물이다. 그의 진지한 삶과 열성은 본받아 마땅한 일이지만 그 특출한 열성이 생사람 잡을 뻔했다고 생각하면 자다가도 웃을 일이다.

그는 1929년 충남 부여에서 출생하여 구제중학교를 졸업하고, 1947년 1

월 국방경비대에 이등병으로 입대했다. 그는 6.25전쟁이 벌어지자 옹진전투와 춘천전투에 참전하여 혁혁한 공훈을 세우고(소양강변에 세워진 전적기념비에 그의 이름이 있다.) 상사로 진급했고 6.25전쟁이 치열한 가운데 희생이 많았던 초급장교의 부족에 따라 현지임관으로 포병 소위가 되었다. 또 3년간의 전쟁 중 심한 부상으로 죽음의 문턱을 넘나들었으나 다행히도 목숨을 구했으며 정전이 되자 대위로 미 포병학교 유학을 마치고 돌아와 육군 소령으로 진급하며 승승장구하는 가운데 1969년에는 대령으로 주월한국군사령부 이세호 사령관의 인사참모의 요직을 맡아 성공리에 임무를 마치고 개선한 후 만학으로 공부하던 명지대학을 졸업하였으며, 대학원 과정을 마치며 「군인사관리의 효율성」(軍人事管理의 效率性)이란 논제로 석사학위를 취득하였다.

최 장군은 부군단장(소장)을 끝으로 예편한 후 기업체 회장을 맡기도 했는데 연만하여 시인으로 등단하여 '한국전쟁문학회' 회장직을 10년간이나 맡아 봉사하였고 그 기간 중에 박사학위도 받았다. 이와 같이 열심히 사신 분이다. 구수한 입담과 너그러운 인품이 정을 느끼게 하는 분, 그 분이 그립다.

🍃 전우들을 추억하며

2018년 초여름.

원고쓰기가 종점에 이르니 전우들과 함께 해 온 '영욕의 세월 50년'을 지나는 사이, 그동안에 있었던 일들이 오버랩 되어 뇌리에 떠오른다. 며칠 전에는 안케패스전우회 행사로 현충원 임동춘을 비롯하여 안케패스혈전에서 산화한 영령들의 3묘역에 다녀왔고, 그 이틀 뒤에는 해마다 6월이면 찾아와 참배하고 점심도 먹던 2묘역인데 지금은 그 자리가 초대사령관이던 채명신 장군이 잠들어 있는 자리가 되었다. 우리 원로회의 회원들은 26일 이 자리에서 대통령과 국민을 향한 성명서를 낭독하였다.

해마다 6월 6일 현충이 오면 1일부터 5일까지 2묘역 앞마당에 천막을 치고 참배 오는 전우와 가족 기타 참배객들을 위해 음료수를 대접하는 일을 꾸준히 해 오던 전우가 있었다. 그는 대한해외참전전우회 서울시지부회장을 맡았던 이복규 전우다. 그는 동화성모병원 이사장을 하면서 위로는 채명신 사령관과 박세직 회장 그리고 아래로는 전우들을 위해 돕는 일을 많이 했다.

어느 해 6월 그 부인 등 양천구 여성봉사대원들은 땀방울 흘리며 수백 명분의 국수를 말아 주었고, 우리는 나무그늘에서 맛있게 먹었던 기억이 떠오른다. 그때가 좋은 시절이었다. 그런 자리가 2묘역 앞인데 거기에 채명신 사령관이 한 줌의 재가 되어 안식하고 계신다.

부산에서 회장직을 맡아 열심히 뛰었던 성기석 전우, 경남에서 사무국장을 맡아 열심히 봉사했던 오승렬 전우, 안진수, 진주의 허만선(작가), 김영민, 대구 회장을 맡아 돈도 많이 쓰면서 어려운 전우들을 돕던 석영호 전우, 윤정길, 소장춘, 김희만, 오유 회장, 충청도의 임충식, 김영웅, 정인휘, 이봉구, 민태구 회장, 이기석, 신인중, 이대범, 경기도의 남상현, 김봉균, 이장원, 김선기, 전라도의 권재필, 김석호, 김수련, 구충서, 박영옥, 김형식, 류재천(정읍), 김삼남(목포), 강원도의 이남주 장군, 최병돈, 유명희, 서울의 홍석원, 홍흥완, 신창재 회장, 김한길, 유봉길 회장, 김정식, 박동근, 김용팔, 문장식 회장, 박길웅, 이동우, 그리고 미국의 여정엽, 최원길, 호주의 최영환, 이윤화, 한수원, 캐나다의 남상목 그 외에 수많은 고엽제 환자 전우들과 월남전에서 부상당하여 불구가 된 전우들, 전쟁공포증 환자(PTSD-Post trauma stress disorder)와 그 가족, 30여 년 그들과 부대끼며 지나온 세월이 주마등같이 스쳐간다.

상황과 얼굴은 아스라이 생각나지만 이름은 기억나지 않는 전우들….
이제는 나도 기억력이 쇠해져서 리바이벌되지 않는 이름들인데 이중에
절반 가량이 저세상으로 가버렸다고 하니 세월의 무상함을 새삼스러이
실감한다. 지금도 중증 환자로 이용하(교수) 전우가 사경을 해매고 있다는
말을 안케 손창윤 사무총장이 전했고, 김장부 후배와 황문길 前의장도 심
각한 암투병중이라는 말을 들었다.

요즘 매월 만나는 원로회의 위원들이라든가 전우회 및 전우문학회 등
제도권에서 활동하고 있는 상당수의 전우들에 대해서는 현재진행형이므
로 추억에는 넣지 않았다.

나도 언젠가는 이런 이야기만을 남기고 추억 속으로 사라지겠지!

🦋 에필로그(epilogue)

필자는 10여 년 전 월남전을 테마로 한 시문집《나는 누구인가》를 발간한 바 있는데 그건 1968년 출정하여 1972년 귀국할 때까지 이야기를 서술한 것이었고, 이번《영욕의 세월 50년》은 우리 파월전우들이 파월 1진(陣)으로 귀국(1968)하여 활동한 초기 모습으로부터 시작하여 1973년 3월 파월 전군(全軍)이 월남전으로부터 개선(凱旋) 귀국해서 오늘에 이르기까지의 50년간의 총체적인 굴곡 많은 역정(歷程)을 회상해 기록한 것입니다.

필자는 월남전 때 공보장교 임무를 띠고 파월되어 다른 전우들보다 긴 기간(1968~1972), 임무의 특성상 한국군이 주둔한 광범위한 지역을 돌아다니며 전우들의 활동을 보고 듣고 취재(取材)하여 진중신문을 발간하며 본국 언론사에 송고(送稿)하는 등의 임무를 수행하다가 귀국한 이후에도 파월예비역 전우들의 최초의 대변지(따이한신보)에 편집위원으로 입사한 이후 오늘까지 무수히 명멸한 전우언론에서 전우신문(발행인 및 편집인: 김한명)을 비롯하여 충현신문(발행인: 김정식, 편집인: 김현진), 평화공로신문(발행인: 석정원, 편집인: 배정), 참戰友(발행 및 편집인: 채명신) 등 전우언론에서 편집인 또는 주간이나 주필로 전전하며 고단한 반세기를 보내왔기에 이나마 '전우들의 파란만장한 역사'를 서술할 수 있게 되었다고 생각합니다.

그러나 나 혼자 그 많은 32만 전우들의 굴곡진 역정을 모두 알 수는 없는 것이기에 그런 걸 다 기록할 수는 없었다는 것을 고백하지 않을 수 없으며 혹시 일후에라도 증보판을 기획하게 되면 더 많은 제보를 받아 미흡한 부분을 보강할 생각도 해 보는 것입니다.

본고를 쓰는 동안 여러 가지 자료를 협조해 주신 파월전사연구소 김연수 소장님과 전우뉴스 박종화 사장님, 원로회의 회원님들, 특히 본서를 기술함에 있어 민감한 부분에 대한 적절성 여부를 인쇄 전의 가제본을 통하여 면밀히 검토해 주신 윤상업(박사) 원로회의 의장을 비롯한 현금남 부의장(박사) 등 회원님들의 노고와 협조에 감사드립니다. 그리고 초본(草本)부터 탈고하기까지 세심한 부분까지 면밀히 살펴서 감수해 주신 흰돌교회 문서선교부장 김주창 장로님께 심심한 감사를 드리며, 또한 과거 주월사에 근무하면서 유창한 영어실력으로 이세호 사령관의 대외 교섭업무를 담당했고, 귀국 후에는 세계 각국을 돌아다니면서 보통사람들이 쉽게 알지 못할 해박한 견문을 습득한 이야기들을 필자에게 들려주심으로써 필자의 글 쓰는 데 화룡점정(畵龍點睛)의 역할을 해 주신 김경찬(예 대령) 장로님과 윤경원(주월사) 갈렙회 회장님께도 고맙다는 말씀을 드리고 싶습니다.

끝으로 본서를 아름답게 꾸며 출판해 주신 도서출판 한누리미디어 김재엽 사장님께 진심으로 감사드립니다.

남강 배정

2012. 10. 당시의 월남전참전자회 조직

대한민국 월남전참전자회 국내외 조직 현황

16개 시·도지부, 5개 직할회, 227개 지회, 6개 해외회
(월남전 참전 연인원 325,517명 중 가입회원 수 : 총 119,688명)

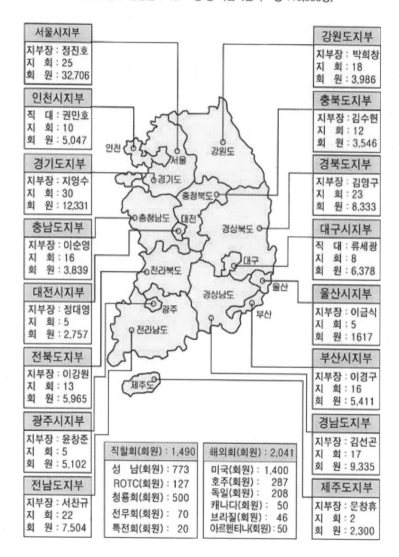

서울시지부
지부장 : 정진호 지 회 : 25 회 원 : 32,706

인천시지부
직 대 : 권만호 지 회 : 10 회 원 : 5,047

경기도지부
지부장 : 지영수 지 회 : 30 회 원 : 12,331

충남도지부
지부장 : 이순영 지 회 : 16 회 원 : 3,839

대전시지부
지부장 : 정대영 지 회 : 5 회 원 : 2,757

전북도지부
지부장 : 이강원 지 회 : 13 회 원 : 5,965

광주시지부
지부장 : 윤창준 지 회 : 5 회 원 : 5,102

전남도지부
지부장 : 서찬규 지 회 : 22 회 원 : 7,504

강원도지부
지부장 : 박희창 지 회 : 18 회 원 : 3,986

충북도지부
지부장 : 김수현 지 회 : 12 회 원 : 3,546

경북도지부
지부장 : 김영구 지 회 : 23 회 원 : 8,333

대구시지부
직 대 : 류세왕 지 회 : 8 회 원 : 6,378

울산시지부
지부장 : 이금식 지 회 : 5 회 원 : 1617

부산시지부
지부장 : 이경구 지 회 : 16 회 원 : 5,411

경남도지부
지부장 : 김선곤 지 회 : 17 회 원 : 9,335

제주도지부
지부장 : 문창휴 지 회 : 2 회 원 : 2,300

직할회(회원) : 1,490	해외회(회원) : 2,041
성 남(회원) : 773 ROTC(회원) : 127 청룡회(회원) : 500 전무회(회원) : 70 특전회(회원) : 20	미국(회원) : 1,400 호주(회원) : 287 독일(회원) : 208 캐나다(회원) : 50 브라질(회원) : 46 아르헨티나(회원) : 50

월남전 참전 당시의 한국군 주둔지

중국

하노이

• 다낭 : 십자성 1지원단 11지원대대
   (1966.9.19~1972.1.29)

• 호이안 : 청룡3차주둔(1968.1.7~72.1.29)
• 추라이 : 청룡2차주둔(1966.9.19~1968.1.6)

라오스

태국

캄보디아

• 빈케 : 맹호기갑연대
   (1965.11.1~1973.3)

• 푸캇 : 맹호1연대(1965.10~1973.3)
• 퀴논 : 맹호사령부 · 십자성1지원단 · 106후송병원
• 송카우 : 맹호26연대(1966.4.15~1973.3)

• 투이호아 : 청룡1차주둔(1965.12.26~1966.9.18)
   백마28연대, 2090동외과병원, 십자성 1지원단
   12군수 지원대대

• 닌호아 : 백마사령부(1966.9~1973.3) · 백마 29연대
• 나트랑 : 야전사령부 · 100군수사령부 · 102후송병원 ·
   십자성2지원단

• 캄란 : 청룡상륙주둔(1965.10.9~1965.12.25) ·
   백마30연대

• 디안 : 비둘기부대(1965.3.16~1973.3)

• 봉타우 : 제1이동외과 병원(1964.9.22~1973.3)
   태권도 교관단(선발대)

                    ┌ 주월한국군사령부(1965.10.20~1973.3)
• 사이공(현. 호치민市) ├ 백구부대(해군수송전대)(1965.7.7~1973.3)
                    └ 은마부대(공군지원단)(1967.7.1~1973.3)

주월사령부　맹호부대　백마부대　청룡부대　십자성부대　비둘기부대　은마부대　백구부대

월남전참전용사들의 발자취 연표(年表)

1964. 7. 15.	자유월남 정부로부터 파병요청 받음.
	쿠데타로 집권한 응엔 칸(중장) 국가 원수.
7. 31.	국회 만장일치로 파병案 통과시킴.
1964. 8. 2.	월맹군 통캉만에서 고속어뢰정 미 해군 매독스호를 향해 발사 미 해군 함정 6척을 격침시킴.
1964. 8. 4.	미공군 월맹군기지 폭격개시, 미군 증파 결정.
1964. 8. 14.	구엔 칸 대통령 겸 3군총사령관 취임.
8. 24.	군사정변−응엔칸 달라트로 피신. 두옹반 민, 응엔 오안 수상, 디엔 기엠 국방상 3인위원회 설립.
1964. 9. 11.	이동외과병원 부산항 출발.
9. 13.	월남 4군단장 쿠데타 실패, 응엔칸 정권 재장악.
9. 22.	제101이동외과병원 사이공항 도착, 붕타우로 이동 9.25부터 업무 개시.
1964. 10. 12.	맹호부대 여의도 비행장에서 환송식.
1965. 3. 15.	비둘기부대 사이공항구에 도착.
1965. 9. 20.	해병 청룡부대 결단식.
9. 25.	주월한국군사령부 창설(사이공).
1967. 9. 25.	맹호, 청룡, 비둘기부대 등 1진으로 파월 귀국한 전우들 월남참전전우회(회장 이재혁) 결성, 재향군인회에 친목단체 등록.
1966. 2. 22.	자유월남정부 한국군전투부대 추가파병 요청.
3. 20.	국회 백마부대 파병 승인.
8. 25.	체신부 백마부대 파월기념우표 발행.

10. 8.	백마부대 월남 닌호아에 도착, 사단사령부 설치.
	백마부대 군수지원을 위한 제100군수사령부 십자성부대 설치와 동시에 비둘기부대 예하의 해군 수송분대를 해군수송전대(백구부대)로 개편, 근접항공지원 및 공중수송지원을 위한 공군지원단(은마부대) 창설, 각각 주월한국군사령부 예하부대로 편입시킴.
1967. 2. 15.	짜빈동 전투 – "한국해병대 신화를 창조했다."
1967. 3. 8.~5. 31.	오작교작전 – 채명신 장군 뛰어난 전략가 칭송
1973. 3. 23.	한국군 월남에서 완전 철수.
1975. 4. 30.	수도 사이공 월맹군에 점령당함 – 자유월남 패망.
1976. 9. 25.	월남참전 – 해외참전전우회로 명칭 변경, 회장 강원채 – 최대명 장군.
1980. 12. 18.	국보위(國保委)에 의한 모든 단체 해산령 발동으로 활동 중단.
1987. 6. 10	6.10 항쟁 – 신군부의 호헌 성명에 반발 국민직선제 대선 주장 격렬한 시위 전개.
1987. 6. 29.	신군부 제2인자 노태우 장군 6.29선언 – 국민직선제 채택을 약속.
1987. 8. 25.	박경석 저, 《파월한국군전사》 전10권 부록1책 김두호 발행 (사회단체 따이한회 태동의 기폭제가 된 실록소설).
1988. 10. 19.	「따이한신보」 창간호 발간. 발행인 석정원, 편집인 이양호.
1988. 12. 23.	따이한 클럽 설립(회장 석정원 선임).
1989. 4. 30.	파월전우 전국 만남의 장, 보라매공원 4.30대회(대회장 유봉길). 석정원 회장 퇴임, 유봉길 회장에 취임.
1989. 7. 5.	전후 최초로 참전전우방문단 베트남 1주일간 방문.
1989. 12. 17.	파월전몰용사 5,099위 합동위령제.

1989. 5.	(사회단체) 월남참전전우회 출범, 회장 영송 취임.
1989. 7. 6.	(사회단체) 따이한회 등록.
1989. 12. 17.	파월전몰용사합동위령제 – 보라매공원(위령제 위원장 윤 필룡).
1990. 5. 6.	전국자원기동봉사대 합동발대식 – 여의도광장.
1990. 5. 6.	제2회 전우만남의 장(따이한회 주관) – 여의도 광장.
1990. 6. 11.	따이안회중앙회 여의도 오성빌딩서 영등포구 대림동 어수 빌딩으로 이전.
1990. 7. 25.	말(誌) 김민웅 재미언론인의 기고 게재(파월한국군은 박정 희의 정권강화를 위한 미국의 용병이었다는 요지의 내용 (최초 발견자 김문구 서울지부장). 따이한회원 말지 사무실(마포) 포위시위 돌입, 한 달간 농 성.
1990. 8. 3.	말誌사건을 계기로 따이한신보 호외 30만부 – "파월용사 흘린 피땀 경제부흥 초석됐다."
1990. 8. 9.	따이한신보 호외 30만부 발행 – "국민이간 국론 분열시키 는 용공언론 척결하자!"
1990. 12 ~	파월용사들 고엽제 의심되는 질병으로 사망하는 사례 빈번 히 발견됨.
1991. 10. 24.	대한해외참전전우회 출범(회장 박세직, 명예회장 채명신)
1991. 11. 6.	따이한신보(이일희 전우 고엽제 사망) 기사 발표.
1992. 2. 13.	경향신문 고엽제 실상 특종보도(그 해 박래용 기자 – 올해 의 記者賞 수상).
1992. 4.	파월유공 황문길 회장, 따이한신보 배정 편집국장 – 이상연 보훈처장관 인터뷰, 고엽제 실상을 소상히 피력, 고엽제 법 률 제정의 동기 부여.

1992. 4. 16.	제14대 국회에 파월전우 34명 대거 당선 진출
1992. 10. 25	대한해외참전성에 대한 만남의 장 잠실올림픽 공원에서 개최.
1993. 12. 27.	김영삼 대통령 참전군인지원에 관한 법률(고엽제 법률) 公布.
1999. 11. 13.	한겨레21 구수정 통신원이 송고한(한국군 양민학살) 記事 게재. 파월용사들 '허위날조 모략이라' 고 극렬히 반발.
2000. 1. 28.	참전군인 등 지원에 관한 법률제정-참전명예수당 지급 개시.
2002. 1. 26.	참전유공자예우에 관한법률로 변경, 70세 이상 수당 지급과 사망시 현충원 또는 호국원에 안장토록 함.
2002. 2. 22.	베트남참전전우회 출범(회장 채명신, 부회장 양창식, 사무총장 이강근, 홍보실장 배정, 사무차장 신호철, 조직국장 임윤평, 운영국장 박광택).
2002. 9. 22.	『참戰友』〈題號 제안-신호철 차장〉 창간호 발간-(발행 및 편집인 채명신, 편집주간 배정).
2005. 4. 20.	이사회 개최 베참 제2대 회장에 이중형 장군 선임, 채명신 장군은 명예회장으로 추대.
2009. 2. 6.	6.25 참전자회를 공법단체로 승인.
2010. 2. 10~16.	참전자-국가유공자 승격 및 공법단체 쟁취 제1차 집회 7일간.
2011. 3. 24.	베트남참전전우회 제3차 정기총회에서 우용락 제4대 회장으로 선출.
2011. 3. 29.	국회 국가유공자예우 및 지원에 관한 법률 개정(법률 10471호) 이 법은 월남전참전자들을 고엽제 회원과 일반회원을 분리관리하려는 발상에서 나온 '집회 결사의 자유' 를

제한하는 위헌적인 악법임.

2011. 10. 15. 참전 제47주년기념 및 '베트남이주여성가족위로 한마음축
제-구미시 박정희 체육관에서 개최(15,000명 참석).

2011. 15~17. 공법단체 승격 쟁취를 위한 제2차 집회-보훈처 앞.

2011. 12. 29. 월남전참전자회를 공법단체로 승격하는 법률개정안 국회
본회의 통과.

2012. 1. 9. 「향군전우신문」 창간호 발간-(고문 이세호. 발행인 현금
남).

2011. 1. 17. 사단법인 베트남참전전우회를 대한민국 월남전참전자회
로 명칭 변경.

2011. 10. 25. 《안케패스 大血戰》발간, 이를 계기로 안케전투전회 결성.

2012. 5. 23. 서해안 태안 앞바다를 항해하던 삼성물산의 '삼성1호'와
홍콩의 유조선 충돌사고 발생-엄청난 양의 원유 태안앞바
다 일대 오염시킴-전우들 대대적인 정화봉사에 출동-당
시 태안군수는 진태구 전우였음.

2012. 10. 4. 월남전참전자회 新 정관 국가보훈처 승인.

2012. 10. 12. 월남참전 제47주년기념행사-서울올림픽공원 OL-Park에
서 개최.

2013. 4. 30. 이세호 제2대 주월한국군사령관 별세.

2013. 10. 4. 보응우옌잡(武元甲) 월맹군사령관 타계.

2013. 11. 13. 원로회의 출범(의장: 황문길)

2013. 11. 25. 초대 주월한국군사령관 채명신 장군 별세.

2013. 4. 29. 제3차 임시총회 개최 회장 재선거 우용락 후보자 재당선.

2016. 8. 26. 우용락 회장 직무정지, 퇴임. 회장직무대행-여상원 변호
사 취임(2016. 8. 27~2017. 3. 20)

2017. 7. 원로회의 황문길 의장 사임.

2017. 3. 20.	여상원 변호사 회장대행 주관, 임시총회, 회장 선거. 정진호, 이화종, 서점석 입후보자 경선 정진호 당선.
2017. 8. 18.	정진호 피소-원고: 장건상, 이장원, 안형준, 고효주-정진호 회장직 직무정지, 법원지정회장대행 서현석 변호사 파견(9월 5일). 피고-고등법원에 항소.
2017. 11. 17.	원고 김두만 외 9명, 정진호 회장이 임명한 지부장 직무정지 및 직무대행자 선임가처분인용 결정.
2018. 1. 30.	파월용사명예회복위원회 출범. (위원장-우용락, 부위원장-정현조, 류재호, 간사 박광야) 외 80여 전우 참여.
2018. 4. 12.	명예회복추진委 주관 광화문광장 양민학살說 유포에 대한 항의집회.
4. 19.	원고 장건상 외 1심 재판에서 승소, 피고 고등법원에 항소.
2018. 4. 26.	원로회의 동작동 현충원 참배 및 성명서 발표.

참고문헌 및 자료

- 베트남: 국제문제연구소(1965. 10. 15)
- 월남전쟁: 류재현, 도서출판 한원(1992. 1. 30)
- 파월전사: 국방부(1979. 11. 10)
- 나는 누구인가? : 배정, 동신기획(2007. 4. 15)
- 한 길로 섬겨온 내 조국, 이세호(2009. 5. 25)
- 군사저널(1993. 11월판)
- 워싱턴의 여정엽 전우가 보내온 자료
- 휴스턴의 최원석 전우가 보내온 자료
- 시드니의 최영환 전우가 보내온 자료
- 파월전사연구소(김연수 소장)에서 제공한 자료
- 전우뉴스(박종화 사장)에서 제공한 자료
- 기타

월남참전전우회의 발자취

영욕(榮辱)의 세월 50년

지은이 / 배　정
발행인 / 김영란
발행처 / **한누리미디어**
디자인 / 지선숙

08303, 서울시 구로구 구로중앙로18길 40, 2층(구로동)
전화 / (02)379-4514, 379-4519
Fax / (02)379-4516
E-mail/hannury2003@hanmail.net

신고번호 / 제 25100-2016-000025호
신고연월일 / 2016. 4. 11
등록일 / 1993. 11. 4

초판발행일 / 2018년 7월 20일

ⓒ 2018 배정 Printed in KOREA

값 **15,000원**

※잘못된 책은 바꿔드립니다.
※저자와의 협약으로 인지는 생략합니다.

ISBN 978-89-7969-779-7　03390